Fachbücher für Fortbildung & Studium

FFS 12

W0077944

www.fhs-verlag.de

Dr. Holger Stöhr

F.I.T. zur IHK-Prüfung in Logistik

Handlungsspezifische Qualifikationen für Wirtschaftsfachwirte

DIHK-Rahmenplan: Fach Nr. 7

2. Auflage

www.fhs-verlag.de   Fachbuchverlag Holger Stöhr

Zum Autor:

Dr. Holger Stöhr, Diplom-Volkswirt (Univ.)

Bisher sind u. a. die folgenden Titel des gleichen Autors erschienen:

- **F.I.T. zur IHK-Prüfung in Betriebliches Management:** Handlungsspezifische Qualifikationen für Wirtschaftsfachwirte, Oberstdorf 2017 **ISBN 978-3-943743-19-7**

- **F.I.T. zur IHK-Prüfung in Investition, Finanzierung, Kostenrechnung & Controlling:** Handlungsspezifische Qualifikationen für Wirtschaftsfachwirte, 2. Auflage, Oberstdorf 2017, **ISBN 978-3-943743-14-2**

- **F.I.T. zur IHK-Prüfung in Führung & Zusammenarbeit:** Handlungsspezifische Qualifikationen für Wirtschaftsfachwirte, Oberstdorf 2017 **ISBN 978-3-943743-21-0**

Bibliografische Informationen der Deutschen Bibliothek

Die Deutsche Bibliothek verzeichnet diese Publikation in der Deutschen Nationalbibliografie; detaillierte bibliografische Daten sind dem Internet über http://dnb.ddb.de abrufbar.

ISBN 978-3-943743-15-9

2. Auflage

© 2018 Fachbuchverlag Holger Stöhr, Oberstdorf

Druck: Laserline, Berlin

Fachbuchverlag Holger Stöhr (FHS)
Internet: www.fhs-verlag.de

© Umschlagsgestaltung inkl. Copyright an allen Fotografien: Holger Stöhr, 2018

Inhaltsverzeichnis

FHS-Verlag.de
Fachbuchverlag Holger Stöhr

Vorwort

Dieses Fachbuch zum Prüfungsfach »**Logistik**« ist am aktuellen Rahmenstoffplan der Prüfung »**Handlungsspezifische Qualifikationen**« für den IHK-Lehrgang »**Wirtschaftsfachwirt/-in**« ausgerichtet.

Wer in eine Prüfung geht, ist oft nicht angemessen vorbereitet und dies, obwohl er oder sie regelmäßig an Lehrgängen teilgenommen hat und die dazugehörigen Bücher oder Skripte gelernt hat. Was fehlt, ist der letzte Schliff. Zum Ende der Vorbereitung muss nochmals alles auf den Punkt gebracht werden. **Für die Erstellung eigener Zusammenfassungen fehlt oft die Zeit.** Es fehlen Tipps zur Vorgehensweise in der Prüfung. Korrekturen von Prüfungen zeigen immer, wie viele Punkte unnötig vergeudet werden. Zudem sollten zur Übung noch Prüfungen simuliert werden.

Zu diesem Zweck baue ich auf ein dreigleisiges Verfahren (**F.I.T.**):

- **Zusammenfassungen:** Zunächst wird der Inhalt/Stoff des Fachs kurz und verständlich zusammengefasst (**Inhalte in Form von Zusammenfassungen**).

- **Fragen:** Zur Prüfungsvorbereitung sind in Anhang A zwei Prüfungssimulationen enthalten (je 40 Pt.), die exakt auf dem Niveau der realen Prüfungen sind – vom Schwierigkeitsgrad, der Punkte- und der Stoffverteilung. Dazu werden in Anhang B ausführliche und klare Lösungen geliefert (**Fragen/Aufgaben mit Lösungen**)

- **Tipps:** Zahlreiche Tipps und Hinweise in Anhang C und im Text sollen Ihnen die Prüfung erleichtern (**Tipps zur Fehlervermeidung**).

Zudem fühlt man sich unsicher, was nun wichtig ist, und was weniger. Zur besseren Einordnung, inwiefern welcher Stoff **prüfungsrelevant** ist, sind zwei hilfreiche Aspekte eingebaut: (A) Zu jedem Kapitel, Unterkapitel etc. wird die Prüfungsrelevanz in 3 Stufen gemäß IHK-Rahmenstoffplan am rechten Rand mit einem Marker angegeben:

1. Die erste Stufe bezieht sich auf einfachen Lernstoff. Hier werden nur **Kenntnisse** in Form von Definitionen, Auflistungen usw. erwartet. Als Symbol dient die Diskette.

2. Die zweite Stufe bezieht sich auf das **Verständnis** von Zusammenhängen und komplexeren Sachverhalten und deren Erläuterung. Als Symbol dient der kreisende Pfeil.

3. Die dritte Stufe steht für gelerntes und verstandenes Wissen, das in Form von Fallbeispielen, Übungen und Rechnungen **Anwendung** findet. Als Symbol dient der Taschenrechner.

(B) Zu jedem Kapitel bzw. Unterabschnitt wird in einer kleinen Tabelle am rechten Rand (etwas nach unten versetzt) detailliert dargestellt, in welchen vergangenen Prüfungen dieser Stoff in welcher Aufgabe und mit welcher Punktezahl abgefragt wurde. Diese Zuordnung gilt immer für den gesamten Bereich der Zwischenüberschrift bzw. des Teilkapitels (siehe Abbildungen der Innenseiten des Umschlags).

Natürlich können auf so knappem Raum nicht alle Themen ausführlich dargestellt werden. Stattdessen werden hier Zusammenfassungen geboten, die Ihnen ein schnelles Lernen und eine Einschätzung der Prüfungsrelevanz der Themen gewähren. Dabei wurden die bisherigen IHK-Prüfungen berücksichtigt (Stand: Dezember 2017).

Ich wünsche Ihnen viel Spaß mit diesem Fachbuch und viel Erfolg beim Bestehen Ihrer Prüfung.

Dr. Holger Stöhr
Oberstdorf im Dezember 2017

Zur Prüfung

Bei diesem Fach stehen die Masse des zu lernenden Wissens und dessen Anwendung im Vordergrund:

- **IHK-Prüfung**: Wirtschaftsfachwirte, »Handlungsspezifische Qualifikationen«, Situationsaufgabe II – davon ca. 40 Prozent.

- **Zeit**: ca. 40 % von 240 Minuten ≈ 100 Minuten.

- **Hilfsmittel**: Taschenrechner.

- **Probleme**: 1. Der Zeitfaktor könnte ein großes Problem werden. Zumal viele Prüflinge bei einzelnen Fragen zu viel bzw. zu wenig schreiben. Bei »Nennen ...« wird zu viel, bei »Erläutern ...« zu wenig geschrieben. 2. Nicht nur die Rechnungsaufgaben wiederholen sich auf ähnliche Art. 3. Viele Prüflinge haben Schwierigkeiten, leicht umformulierte Aufgaben zu verstehen und zu lösen, da nur Wissen auswendig gelernt wurde und das hingegen notwendige Verständnis fehlt.

- **Lösungsstrategien**: 1. Konzentrieren Sie sich auf die Aufgaben und Ihr vorhandenes Wissen. Nutzen Sie insbesondere bekannte Lösungsschemen, die in den folgenden Seiten geboten werden. Dazu sollte natürlich entsprechendes Wissen vorhanden sein. Denn eine nicht verstandene Formel der Formelsammlung hilft nicht weiter. Das erforderliche Wissen können Sie in diesem Fachbuch aneignen bzw. nochmals wiederholen. 2. Üben Sie anhand von alten Prüfungen und den Prüfungssimulationen in Anhang A die Bearbeitung von anwendungsorientierten Aufgaben (Fallbeispielen und Rechenaufgaben).

FHS-Verlag.de
Fachbuchverlag Holger Stöhr

1 Einkauf und Beschaffung

1.1 Grundlagen der Logistik

1.1.1 Überblick

Ziele und Definition

Die Logistik beschäftigt sich mit der optimalen Gestaltung des Material-, Waren- und Informationsflusses im und außerhalb des Unternehmens. Demnach muss die Logistik die folgenden sechs **Ziele** bzw. **Anforderungen** erfüllen:

- die richtigen Güter, Waren oder Informationen,

- in der richtigen Menge,

- in der richtigen Qualität,

- am richtigen Ort,

- zur richtigen Zeit und

- zu den richtigen Kosten bereitstellen.

Zu den Ursprüngen der Logistik

Der Ursprung der Logistik liegt im militärischen Bereich. Land-, Luft- und Seestreitkräfte müssen versorgt werden. Insbesondere die Amerikaner haben hier maßgebliche Erkenntnisse erlangen können, da ihre Kriege seit dem 1. Weltkrieg immer in der Ferne stattfanden (1. und 2. Weltkrieg in Europa und Asien, Korea- und Vietnamkrieg sowie die jüngeren Operationen im Irak und in Afghanistan). Bedenken Sie, welcher logistische Aufwand hinter einer Flugzeugträgergruppe steht, von denen die Amerikaner einige in die verschiedenen Weltgegenden entsandt haben. Die Gruppe benötigt Treibstoffe, Nahrungsmittel, Munition, Stützpunkte, Informationen usw.

1

Abgrenzung der Logistik

Die BWL ist eine junge Wissenschaft und zudem einem ständigen Wandel (durch bspw. Globalisierung, neue Technologien, immer schnellere Produktzyklen) unterworfen. Das gilt gerade auch für den Bereich der Logistik. Dies hat zur Folge, dass auch die Begriffe Beschaffung, Logistik und Materialwirtschaft nicht so einheitlich und frei von Überschneidungen sind. So wird mal die Beschaffung, mal die Materialwirtschaft oder wie hier im Rahmenstoffplan des DIHK die Logistik als Oberbegriff der beiden anderen betrachtet.

Zur besseren Übersicht wird in diesem Fachbuch der folgende Ansatz gewählt (A. bis G. sind betriebliche Funktionsbereiche):

- Die **Logistik** beschäftigt sich mit der Optimierung des Waren-, Material- und Informationsflusses in- und außerhalb des Unternehmens. Sie umfasst die Glieder ❶ bis ❻ entlang der Wertschöpfungskette sowie die Entsorgungslogistik ❽.

- Das **Supply-Chain-Management** (SCM) ist bestrebt die logistische Kette (❶ bis ❻) vom Lieferanten zum Kunden zu optimieren. Der Fokus liegt dabei auf der Zusammenarbeit mit Lieferanten/Kunden.

- Die **Beschaffung** hat für eine bedarfsgerechte Versorgung mit den betriebsnotwendigen Gütern zu sorgen. Dazu zählen der Einkauf und die Beschaffungslogistik (❶ und ❼). Sie hat eine gemeinsame Schnittmenge mit der Logistik (Beschaffungslogistik). Aber die Beschaffung ist mit dem Einkauf weiter als ihr logistischer Teil gefasst. Sie umfasst im weiteren Sinne auch die Beschaffung von Personal oder Kapital (❾).

- Zudem ist die **Materialwirtschaft** eng mit den beiden Begriffen verbunden. Sie umfasst alle Tätigkeiten, um im Betrieb die benötigten Güter (Materialien) optimal bereitzustellen. Dazu zählt die Beschaffung A. (im engeren Sinne: ❶ und ❼), Teile der Logistik (❶ bis ❺) sowie die Lagerhaltung B. Zudem kann auch noch die Produktionsplanung und -steuerung hinzugerechnet werden. Bisweilen wird diese Form als voll integrierte Materialwirtschaft bezeichnet.

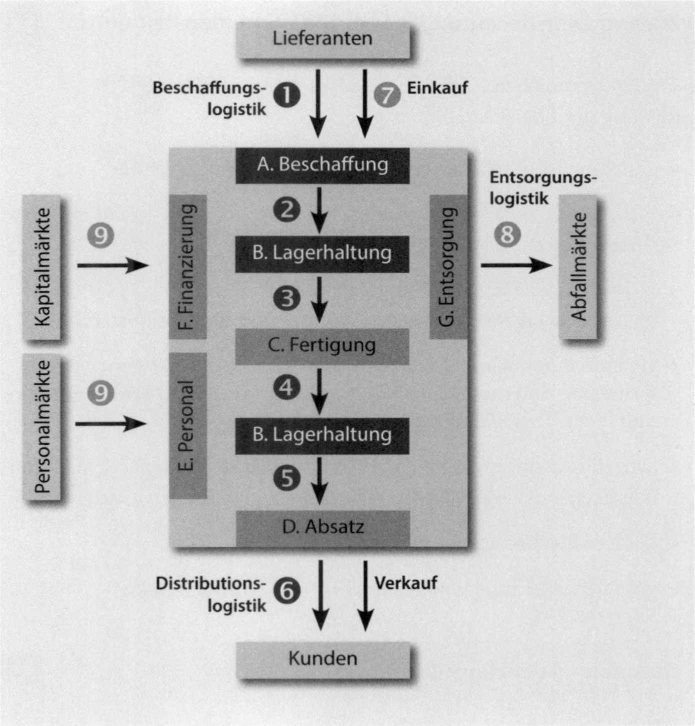

```
                          Lieferanten

        Beschaffungs-  ❶      ❼ Einkauf
          logistik

                        A. Beschaffung
                                                Entsorgungs-
                            ❷                      logistik
                                                      ❽
                        B. Lagerhaltung

                            ❸

   Kapitalmärkte  ❾          C. Fertigung
   Personalmärkte ❾            ❹

                        B. Lagerhaltung

                            ❺

                          D. Absatz

        Distributions- ❻      Verkauf
          logistik

                            Kunden
```

(F. Finanzierung, E. Personal, G. Entsorgung; Abfallmärkte)

Ziele der Logistikprozesse

F 2015 II: A5b, 3 Pt.

- Reduzierung der Lagerkosten

- Verkürzung der Durchlaufzeiten

- Optimierung der internen Güterflussprozesse

- Optimierung der externen Güterflussprozesse

- zeitgenaue Lieferung: »just in time« und »just in sequence« (vgl. Kap. 1.3.1)

- Verknüpfung verschiedener Subsysteme – Lieferanten, Subunternehmen etc.

Zunehmende Bedeutung d. Logistik/internationale Trends

Zu den Trends bzw. Gründen der zunehmenden Be- F 2015 II: A5a, 4 Pt.
deutung der Logistik zählen u. a.:

- zunehmende Globalisierung der vergangenen Jahrzehnte

- Abbau der Grenzschranken, der Zölle und der nicht-tarifären Handelshemmnisse

- technologische Entwicklungen (Internet/internationale Informationswege sowie internetbasierte Absatz- und Beschaffungsmärkte)

- allgemein der Wandel von Verkäufer- zu Käufermärkten: **Verkäufermärkte** sind durch eine Überschussnachfrage und **Käufermärkte** durch ein Überschussangebot gekennzeichnet.

- Sättigungstendenzen bei bestimmten Märkten: Wechsel auch in manchen aufstrebenden Volkswirtschaften zu Käufermärkten

- kürzere Produktlebenszyklen

- größere Bedeutung von Sicherheits- und Umweltaspekten

Outsourcing der Logistik

Insbesondere die Absatzlogistik selbst könnte an ex- H 2013 II: A6c-d, 6 Pt.
terne Dienstleister ausgelagert werden (Outsourcing). Zu den Vorteilen
zählen: Vereinfachung, hohes Know-how des externen Dienstleisters,
Kostenvorteil. Als Nachteile könnten Know-how-Transfers zu Konkurrenten sowie Abstimmungsprobleme folgern.

1.1.2 Begrifflichkeiten

Hauptbereiche der Logistik

- **Beschaffungslogistik**: Hier geht es um den Fluss des Materials/der Waren vom Lieferanten zum Lager.

  <small>H 2012 II: A7a-b, 6 Pt.</small>
  <small>H 2013 II: A6b, 3 Pt.</small>

- **Fertigungslogistik (Produktionslogistik)**: Das Material und die Waren müssen den einzelnen Produktionsschritten zugewiesen werden sowie zwischen diesen transportiert werden.

- **Distributionslogistik (Absatzlogistik)**: Die Fertigprodukte müssen zum Kunden gebracht werden.

- **Entsorgungslogistik**: In Zeiten zunehmender Umweltverantwortung wird auch die Frage nach der optimalen Vermeidung, Entsorgung und des Recyclings von Abfällen immer bedeutsamer.

Zudem gibt es noch die folgenden Anwendungsbereiche d. Logistik:

- **Lagerlogistik**: Sie beschäftigt sich mit dem Material- und Warenfluss innerhalb der Lager und zwischen den Lagern.

- **Transportlogistik**: Die verschiedenen Bereiche der Logistik benötigen Transportkapazitäten, die durch die Transportlogistik bereitgestellt werden müssen.

- **Informationslogistik**: Der Informationsfluss muss mithilfe der EDV gestaltet werden.

Funktionen/Aufgaben der Beschaffungslogistik

- Ermittlung der optimalen Bestellmengen

- Beschaffungszeitpunkte und Liefermengen festlegen

- Auswahl der geeigneten Lieferanten

- Entscheidung hinsichtlich des Kaufs/Fremdbezugs oder Eigenfertigung (make or buy-Entscheidung).

Funktionen/Aufgaben der Fertigungslogistik

Zu den Funktionen/Aufgaben der Fertigungslogistik zählen:

- Produktionsplanung und steuerung

- Planung, Überwachung des innerbetrieblichen Materialflusses sowie exakte Zuteilung des Materials

- kurze Durchlaufzeiten u. optimale Kapazitätsauslastung gewähren

Funktionen/Aufgaben der Distributionslogistik

- Zwischenlagerung nach Fertigungsende

F 2015 II: A5c, 5 Pt.

- Aufträge zur Auslagerung an den Kunden bearbeiten

- Kommissionierung der Ware, Ware verpacken und zum Transport bereitstellen (Frachtpapiere)

- Warentransport durchführen (vgl. Transportlogistik)

- diesbezüglichen Informationsfluss steuern

Supply-Chain-Management bzw. logistische Ketten

Nicht nur die interne Optimierung des Güter-, Waren- und Informationsflusses – der internen logistischen Ketten – ist von Bedeutung. Zudem ist der Einbezug der gesamten Wertschöpfungskette von unseren Lieferanten hin zu den Endverbrauchern von Bedeutung. Mit der Optimierung dieser Wertschöpfungsketten vom Lieferanten zum Kunden beschäftigt sich das **Supply-Chain-Management (SCM)**.

Organisatorische Eingliederung der Logistik

In der Logistik geht es primär um Prozesse und sie gehört damit zur optimalen Gestaltung der Ablauforganisation. In Rahmen der **Aufbauorganisation** kann die Logistik entweder a) als Linienstelle, b) als Stabsstelle, c) als eigener Funktionsbereich bzw. Abteilung oder d) als Tätigkeitsbereich einzelner Stellen eingeordnet werden.

System gleichbleibender Einheiten

Zur Optimierung der logistischen Ketten zählt auch H 2013 II: A6a, 3 Pt. die Umsetzung von identischen Einheiten (1 Produktionseinheit = 1 Verpackungseinheit = 1 Transporteinheit = 1 Lagereinheit = 1 Verkaufseinheit). Zu den **Vorteilen** zählen:

- hoher Automatisierungsgrad möglich

- Erleichterung bei der Ein- und Auslagerung

- geringere Schäden durch Umpacken

- leichtere Transporte

- bessere Kontrollmöglichkeiten auf allen Ebenen

- **Nachteile**: geringere Flexibilität und teilweise höhere Kosten, da Größenvorteile nicht vollständig genutzt werden können.

Zielkonflikte

Wo es mehrere Ziele gibt, kommt es zumeist zu Zielkonflikten, da sich nur selten/nie alle Ziele gleichzeitig verwirklichen lassen:

- **Beschaffung**: Hier sollten möglichst große Mengen geordert werden, um die Beschaffungskosten durch die Ausnutzung von Mengenrabatten sowie günstigeren Bestell- und Anlieferungskosten zu senken.

- **Lagerhaltung**: Hier gilt das exakte Gegenteil. Je größer die einzelnen Beschaffungsmengen sind, umso höher werden die Lagerhaltungskosten.

- **Fertigung**: Zur Aufrechterhaltung der Produktion wären große Lager wünschenswert, um auch bei unvorhersehbaren Entwicklungen fertigungsfähig zu bleiben.

- **Finanzierung**: Höhere Bestell- und Lagermengen bedeuten auch höhere Kosten der Finanzierung, da diese Mengen zwischenfinanziert werden müssen. Damit steigen insbesondere die Lagerzinsen.

1

1.2 Einkaufsprozess

1.2.1 Der Ablauf

Zentraler vs. dezentraler Einkauf

In größeren Unternehmen mit vielen Filialen (bei H 2017 II: A5b, 6 Pt.
einem Handelsbetrieb) oder vielen Niederlassungen bzw. Betriebsstät-
ten (bei Industriebetrieben) stellt sich die grundsätzliche Frage, ob der
Einkauf zentral oder von den einzelnen Einheiten durchgeführt werden
sollte. Die Vorteile der einen Form spiegeln die Nachteile der anderen
Form. Daher sind in der folgenden Übersicht nur die Vor- und Nachteile des zentralen Einkaufs aufgelistet (die umgekehrt den Nach- und
Vorteilen des dezentralen Einkaufs entsprechen):

Zentralisierung des Einkaufs	
Vorteile	**Nachteile**
• Preisvorteile beim Einkauf durch größere Bestellmengen	• längere Entscheidungswege
• größere Verhandlungsmacht gegenüber Lieferanten	• erhöhter Zeitbedarf der Ab- stimmung
• Spezialisierungsvorteile der Mitarbeiter in der Zentrale, die sich nur darauf konzentrieren können	• weniger Detailkenntnisse in der Zentrale vorhanden, als die Mitarbeiter vor Ort besitzen
• Kostenvorteile durch weniger erforderliches Personal	• zusätzlicher Kommunikations- bedarf
• einheitliche und klare Ent- scheidungen	• fehlender Kontakt der MA vor Ort zu den Lieferanten

Phasen des Einkaufsprozesses (gemäß Verrichtungsprinzip)

• Bedarfsanforderung (vgl. Kapitel 1.3.2)   H 2017 II: A5a, 4 Pt.

• Anfrage

• Angebotsbeurteilung und -entscheidung

- Nachbesserung durch Einkaufsverhandlungen
- Bestellung
- Wareneingang (vgl. Kapitel 2.1.1)
- Prüfung der Eingangsrechnung

Anfrage

Es sind hier zwei grundsätzliche Möglichkeiten zu unterscheiden:

- Es werden vorhandene Bezugsquellen/Lieferanten genutzt.
- Neue Bezugsquellen können durch Internet, Fachmessen, Kataloge etc. ermittelt werden, sofern neue Materialien erforderlich oder die bisherigen Bezugsquellen ersetzt werden sollen.

Im Anschluss an die Entscheidung über die Auswahl möglicher Lieferanten werden Anfragen an diese Lieferanten gestellt. Diese Anfragen sollten folgende Voraussetzungen erfüllen, z. B.:

- konkrete Angaben hinsichtlich des Materials (Maßangaben, Qualität etc.)
- Menge
- Liefertermin oder Lieferzeitraum
- Lieferbedingungen
- Zahlungsbedingungen
- ggf. Preisvorstellungen

Angebot

Nachdem bei verschiedenen Lieferanten Anfragen terminiert gestellt werden, müssen die eingehenden Angebote verglichen werden, um eine gehaltvolle Entscheidung treffen zu können.

Bestellung

Sofern ein bestimmtes Angebot ohne Änderung angenommen wird, kommt durch diese Bestellung ein Kaufvertrag zustande. Wenn hingegen auf das Angebot mit Änderungen eingegangen wird, handelt es sich um ein neues Angebot.

Kriterien beim Lieferanten-/Angebotsvergleich

- Qualität der zu beschaffenden Materialien

- Zertifizierung der Lieferanten

- Beschaffungskosten und Zahlungsbedingungen

H 2009 II: A1a, 4 Pt.
H 2011 II: A8c, 5 Pt.
F 2012 II: A6a-b, 6 Pt.
H 2015 II: A6a, 4 Pt.

- Flexibilität

- Einhaltung von Terminzusagen

- geografische Lage

- Image des Lieferanten

- Service, Garantie und Kulanz

- Umweltaspekte

Vergleich der Angebotspreise

Sofern es sich um Angebote handelt, die sich nur auf- F 2016 II: A7a, 6 Pt.
grund der Beschaffungskosten und Zahlungsbedingungen unterscheiden, kann sich ein Vergleich darauf reduzieren. Das ergibt nur dann Sinn, wenn die Qualität etc. gleich ist – es sich um standardisierte Güter handelt. In diesem Fall müssen die (Brutto-) Angebotspreise um Rabatte (inkl. möglicher Skonti), mögliche Zuschläge und sonstigen Nebenkosten korrigiert werden. Daneben spielen die Zahlungsbedingungen (Fristen) eine wesentliche Rolle.

FHS-Verlag.de
Fachbuchverlag Holger Stöhr

Nutzwertanalyse

Sofern beim Lieferanten-/Angebotsvergleich auch nicht-monetäre Faktoren berücksichtigt werden sollen, wird zumeist die Nutzwertanalyse eingesetzt:

F 2010 II: A6a-b, 7 Pt.
H 2010 II: A7a-b, 8 Pt.
F 2014 II: A7a-b, 8 Pt.
F 2016 II: A7b, 6 Pt.
H 2016 II: A7a-b, 8 Pt.

❶ Zuerst müssen wir die für uns relevanten Bewertungskriterien auswählen. ❷ Im nächsten Schritt müssen die gewählten Faktoren gewichtet werden. ❸ Für gewöhnlich erhält man hier eine Summe der Gewichte von 1,0 (bei Faktoren) bzw. 100 % (bei Prozentangaben). Bewusst wurde in diesem Beispiel ein anderer Wert (24) gewählt.

■	Nutzwertanalyse	Σ		Lieferant A		Lieferant B		Lieferant C	
Nr.	Kriterium ❶	Gewicht		Note	Wert	Note	Wert	Note	Wert
1	Preis	❷ 5		❹ 5	❺ 25	3	15	2	10
2	Qualität	5		3	15	4	20	5	25
3	Service	4		2	8	4	16	5	20
4	Garantie	3		1	3	3	9	5	15
5	Zertifizierung	1		1	1	1	1	5	5
6	Umweltaspekte	2		3	6	5	10	1	2
7	Termintreue	4		5	20	3	12	1	4
Σ	Gesamtnote	❸ 24		20	❻ 78	23	83	24	81

❹ Nun müssen für alle Lieferanten Noten vergeben werden. Dabei könnten bspw. Noten zwischen 1 und 5 bzw. zwischen 0 und 100 Punkten vergeben werden. Es muss eindeutig geklärt werden, in welcher Reihung gewertet wird: Sind hohe oder niedrige Noten bzw. Punkte besser oder umgekehrt? In unserem Fall ist die beste Note 5. ❺ Die weitere Vorgehensweise erfordert nun jeweils für alle Kriterien eine Multiplikation der Gewichtungsfaktoren mit den jeweiligen Noten der einzelnen Alternativen. ❻ Zum Schluss wird je Lieferant eine Spaltensumme berechnet. Diese ergibt dann die Gesamtnote. Auch für diese gilt in unserem Fall: je größer desto besser. Sie kann maximal (24 × 5 =) 120 ergeben und muss minimal bei 24 liegen. Es ergibt sich mit Lieferant B ein knapper Sieger. Wären die Faktoren ohne Gewichtung gezählt worden, hätte Lieferant C mit 24 Punkten gewonnen.

1

In der Praxis wird die Nutzwertanalyse häufig unkritisch angewandt. Es gibt zumindest die folgenden grundsätzlichen Kritikpunkte, die auch jeweils Manipulationsmöglichkeiten ergeben:

- Die Auswahl der Kriterien ist mehr oder weniger willkürlich.

- Die Gewichtungsfaktoren sind schwer objektiv bestimmbar.

- Die Noten für die einzelnen Kriterien können subjektiv sein.

Tipps:

(1) In IHK-Prüfungen werden zur Berechnung der Gewichtungsfaktoren gerne Rechenspiele eingebaut, nach dem Motto: »Kriterium 1 wird doppelt so stark wie Kriterium 2 gewichtet ...«. (2) Zudem wird dabei oft zwischen Prozenten und Prozentpunkten unterschieden. 55 % ist 10 % und 5 Prozentpunkte größer als 50 %. (3) Die Nutzwertanalyse wird auch in anderen Fächern Ihrer Prüfung behandelt und geprüft.

Ein großer Vorteil der Nutzwertanalyse ist die Berücksichtigung von nicht-monetären bzw. qualitativen Faktoren. Dies erfordert aber nicht zwangsläufig das andere Extrem, indem in der Nutzwertanalyse keine monetären Faktoren berücksichtigt werden dürfen. Dies fordern bisweilen manche Autoren und Dozenten. Sofern es in Ihrer Prüfung von Ihren Dozenten so gefordert wird, sollten Sie sich daran halten. Es gibt allerdings keinen vernünftigen Grund dies auch in der Praxis so zu handhaben. Wenn Sie parallel monetäre Angebotsvergleiche und eine nicht-monetäre Nutzwertanalyse durchführen und darauf aufbauend eine Lieferantenentscheidung treffen wollen, stellt sich spätestens dann die Frage, wie beide Bereiche zu bewerten sind. Dann müssen Sie wiederum Gewichtungsfaktoren wählen und führen damit eine Nutzwertanalyse auf einer höheren Ebene durch. Diese Arbeit können Sie sich sparen, wenn Sie beides gleich in einer Nutzwertanalyse erledigen. Es spricht weder in der Praxis noch in der Theorie etwas für diese strikte Trennung.

                   FHS-Verlag.de
Fachbuchverlag Holger Stöhr

Nachbesserung durch Einkaufsverhandlungen

In der Praxis gibt es nicht nur Anfragen und anneh-
mende oder ablehnende Angebote, sondern insbesondere bei bedeutsameren Einkäufen werden in Verhandlungen bessere
Konditionen ausgehandelt. Für solche **Verhandlungsgespräche** emp-
fiehlt sich die folgende **Checkliste**:

H 2009 II: A1b, 4 Pt.
H 2015 II: A5b, 4 Pt.

- Welches Ziel wird angestrebt (Preise, Qualität, Zahlungs- und Lieferbedingungen)?

- Welche Informationen werden benötigt (bspw. Markt, Konkurrenz,
  Erwartungen der Preisentwicklung, Substitutionsgüter)?

- Wie sieht die Verhandlungsposition aus? Wer hat bessere Auswahl-
  möglichkeiten und damit die stärkere Machtposition? Liegen Alternativen von Konkurrenten vor?

- Wer wird die Verhandlungen führen? Wo werden die Verhandlungen geführt?

- Welche Argumente/Gegenargumente sind anbringbar/denkbar?

1.2.2 Sourcing-Konzepte

Für Unternehmen gibt es gerade in einer globalisier-
ten Welt verschiedene Formen von **Beschaffungsstrategien** (= Sourcing-Konzepte). Zunächst gilt es
dabei die folgenden Fragen zu klären:

F 2009 II: A4a-c, 14 Pt.
F 2010 II: A8a-b, 10 Pt.
H 2010 II: A6a-c, 10 Pt.

- Welche Strategie ermöglicht uns eine optimale Kombination aus
  Preis, Qualität, Termintreue etc.?

- Inwiefern ist eine enge Bindung an einen Lieferanten wünschenswert?

- Wie kann sichergestellt werden, dass Marktveränderungen erkannt
  und berücksichtigt werden?

- Welche Informationen dürfen Lieferanten erhalten?

1

Es werden verschiedene **Formen** von Sourcing-Konzepten anhand der folgenden **Kriterien** unterschieden (anschließende Erläuterung):

- Träger der Wertschöpfung: Eigenfertigung oder Fremdbezug

- Fertigungstiefe bei der Beschaffung: Einzelteilbeschaffung oder Beschaffung von ganzen Modulen

- Zusammenarbeit in der Beschaffung

- Ort der Beschaffung: lokal, regional, national oder global

- Lieferantenanzahl

Eigenfertigung oder Fremdbezug

Hier handelt es sich um eine grundsätzliche Ent- H 2012 II: A9a-c, 9 Pt.
scheidung, die nachhaltige Auswirkungen auf das gesamte Unternehmen hat. Fassen wir in einer Tabelle die jeweiligen Vor- und Nachteile des Fremdbezugs zusammen, die umgekehrt den Nach- und Vorteilen der Eigenfertigung entsprechen:

Fremdbezug	
Vorteile	**Nachteile**
• Verminderung der Fixkosten möglich, da weniger Anlagen notwendig sind	• längerfristige Abhängigkeit vom Lieferanten
• keine zusätzlichen und zukünftigen Investitionen erforderlich	• Verlust von Wissen im Unternehmen
• geringere Fertigungstiefe, Konzentration auf Kernkompetenzen	• Weitergabe von spezifischem Wissen
• ggf. mehr Know-how des Lieferanten	• Aufbau neuer Konkurrenten

Tipps:

1. Zur Berechnung des Vorteils vgl. Kostenrechnung (Kapitel 4.1.2 im Fach Investition etc.). 2. **Insourcing** steht für das Konzept, zuvor ausgelagerte Prozesse/Bereiche (Outsourcing) wieder im Unternehmen einzugliedern.

Fertigungstiefe bei der Beschaffung

Bei Fremdbezug muss sich ein Unternehmen fragen, inwiefern Einzelteile oder ganze Module geordert werden sollen:

- **Unit Sourcing**: Sofern Einzelteile beschafft werden, kann die beste Qualität oder der günstigste Preis bzw. die genaue gewünschte Spezifikation beschafft werden. Das erhöht die eigene Flexibilität und verringert die Abhängigkeit von Anbietern. Es steigen jedoch auch die Kosten durch unsere steigende Fertigungstiefe.

- **Modular Sourcing**: In diesem Fall werden komplette Module bzw. Baugruppen (bspw. Motoren) beschafft. Die Fertigungstiefe sinkt und damit auch die Fertigungskosten. Man kann sich auf weniger Lieferanten konzentrieren. Aber die Vorteile der Einzelteilbeschaffung gehen verloren.

- **System Sourcing**: Diese Effekte verstärken sich noch, wenn anstelle von einzelnen Baugruppen komplexe Baugruppen beschafft werden, die sich aus einzelnen Baugruppen zusammensetzen.

Zusammenarbeit (Kooperation) in der Beschaffung

Je nach Unternehmensgröße und Marktmacht der Gegenseite bieten sich auch die folgenden beiden Varianten an:

- **Individual Sourcing**: Das Unternehmen führt seine Beschaffung eigenständig durch.

- **Collective Sourcing**: Die Beschaffung wird in Kooperation mit anderen Unternehmen durchgeführt. Dies bietet sich insbesondere für kleinere Unternehmen ohne Marktmacht an. In der Zusammenarbeit mit anderen Unternehmen können zusammen bessere Konditionen ausgehandelt werden. Dieses genossenschaftliche Prinzip finden wir häufig bei Handelsbetrieben.

Ort der Beschaffung

Ebenfalls wichtig ist die Frage nach dem Ort der Beschaffung:

- **Local Sourcing**: Wer sich für Lieferanten vor Ort entscheidet, hat kürzere Wege und damit geringere Transportkosten sowie weniger Transportausfälle. Dies ist insbesondere bei einer Just-in-time-Fertigung sinnvoll. Zudem kann bisweilen der lokale Bezug auch als Marketingargument ausgenutzt werden – jedoch nur für den regionalen Vertrieb.

- **National Sourcing**: Bestimmte Branchen sind auch durch nationale Grenzen gekennzeichnet. Insofern kann hier die landesweite Beschaffung vorteilhaft sein.

- **Global Sourcing**: Die Entscheidung für den weltweiten Bezug ermöglicht die Ausnutzung der günstigsten Preise, der besten Qualität oder des besten Services usw. Allerdings steigen auch die Risiken durch bspw. Transport, politische Entwicklungen, Wechselkurse.

Lieferantenanzahl

Sofern man sich für den Fremdbezug entscheidet, stellt sich weiterhin die Frage nach der Anzahl der Lieferanten für ein bestimmtes Produkt:

F 2009 II: A4d, 6 Pt.
H 2011 II: A8a-b, 7 Pt.
F 2014 II: A6b, 6 Pt.

- **Single Sourcing**: Wer sich für einen Lieferanten entscheidet, kann eher eine enge und partnerschaftliche Zusammenarbeit erwarten. Es dürften eher Preisnachlässe und Sonderkonditionen aushandelbar sein. Der Lieferant dürfte flexibler und kurzfristiger auf unsere Wünsche eingehen. Zudem dürfte der Service besser sein. Zu den Nachteilen zählen die Abhängigkeit von diesem Lieferanten und es kann nicht jedes Sonderangebot am Markt genutzt werden.

- **Dual Sourcing (Triple Sourcing)**: Zum Zweck der Verminderung der Abhängigkeit von einem Lieferanten werden zwei (bzw. drei) Lieferanten gewählt. Für gewöhnlich wird der Großteil der Materialien von einem Lieferanten gewählt. Sollte dieser aber ausfallen, kann auch eher kurzfristig auf einen der anderen zurückgegriffen werden. Es entsteht dadurch auch eine gewisse Konkurrenz der Lieferanten untereinander.

- **Multiple Sourcing**: Die Abhängigkeit von einzelnen Lieferanten schwindet völlig, aber dafür auch deren Interesse an kurzfristigen Lösungen und außergewöhnlichem Service in Sondersituationen.

Multiple Sourcing	
Vorteile	**Nachteile**
• geringere Abhängigkeit	• hohe Kosten im Bestellwesen und der Eingangskontrolle
• Konkurrenz unter den Lieferanten führt zu Innovationen	• zu geringe Bestellmengen mit fehlenden Mengenrabatten
• Konkurrenz unter den Lieferanten fördert Qualität und günstige Preise	• Wissenstransfer mit zu vielen Lieferanten und damit ggf. zur Konkurrenz
• Konkurrenz unter den Lieferanten steigert Termintreue	• unzureichende Zusammenarbeit/Abstimmungsprobleme

1.2.3 Lieferantenmanagement

Ziel des Lieferantenmanagements ist die optimale Steuerung der Zusammenarbeit mit den einzelnen Lieferanten. Je nach Mix der Beschaffungsstrategien

H 2011 II: A8a-b, 7 Pt.
F 2012 II: A6c, 3 Pt.
H 2015 II: A8a-b, 9 Pt.

muss das Lieferantenmanagement unterschiedlich gestaltet werden.

Markformen der Lieferanten

Natürlich gibt es die bekannten Marktformen nicht nur auf den Absatzmärkten der Unternehmen, sondern sie können auch im Bereich der Beschaffung auftreten:

- **Angebotsmonopol des Lieferanten**: ungünstiger Fall, da hier weitgehend die Konditionen des Anbieters akzeptiert werden müssen.

- **Angebotsoligopol der Lieferanten**: Wettbewerb unter den Lieferanten, die allerdings zu Absprachen führen könnten. Ansonsten

1

sehr wünschenswerte Situation, da die Konkurrenten relativ groß und damit innovationsstark und kostengünstig sein dürften.

- **Angebotspolypol der Lieferanten**: In Lehrbüchern oftmals als optimale Situation dargestellt. Je nach Marktgröße kann es sich dann u. U. nur noch um relativ kleine Unternehmen mit wenig Kapital, Innovationsmöglichkeiten etc. handeln, die auch nicht unbedingt zu viel Wettbewerb führen.

1.2.4 Analysetechniken

Lieferantenbeurteilung

Zur Beurteilung der Lieferanten dienen u. a. folgende Kriterien:

- (Einkaufs-) Preise, Zahlungs- und Lieferbedingungen
- Qualität/Fehlerquoten
- Service/Kulanz, Termintreue und Innovationsfähigkeit

Diese Kriterien könnten im Rahmen einer Nutzwertanalyse eingesetzt werden.

ABC-Analyse

Zwar kann die ABC-Analyse bei der Lieferantenaus- H 2014 II: A7a-b, 10 Pt.
wahl dienen. Ihr Schwerpunkt liegt aber wie die folgende XYZ-Analyse bei der Analyse der Beschaffungsprozesse (vgl. Kapitel 1.3). Daher sind die folgenden Erläuterungen daran ausgerichtet.

In jedem Unternehmen sind die finanziellen, organisatorischen, personellen und technischen Kapazitäten begrenzt. Je größer die Anzahl der zu verwaltenden Artikel wird, umso stärker stößt man an die Grenzen dieser Kapazitäten. Daher gilt es hier Prioritäten zu setzen. Es sollen schwerpunktmäßig diejenigen Artikel genauer beachtet werden, die einen hohen Wertanteil besitzen. Denn genau hier besteht bei einer sorgfältigen Lieferantenauswahl das größte Einsparpotenzial. Die Mehrzahl der Artikel haben hingegen einen geringen Wertanteil und können daher eher vernachlässigt werden.

Ziel der ABC-Analyse im Rahmen der Beschaffung (sie kann auch woanders eingesetzt werden!) ist die Einordnung aller Beschaffungsgüter nach deren wertmäßiger Bedeutung:

- **A-Artikel**: Hier handelt es sich um einen kleinen Anteil aller Artikel mit einem geringen Mengenanteil, aber einem hohen Wertanteil. Ihre Beschaffung steht im Vordergrund.

- **B-Artikel**: Hier handelt es sich um einen mittleren Anteil aller Artikel mit einem mittleren Mengenanteil sowie einem mittleren Wertanteil. Sie stehen zwischen den Stühlen A und C und können so oder so behandelt werden.

- **C-Artikel**: Hier handelt es sich um einen großen Anteil aller Artikel mit einem großen Mengenanteil, aber einem geringen Wertanteil. Für Ihre Beschaffung sollten wenige Ressourcen gebunden werden.

Zahlenbeispiel zur ABC-Analyse

In der folgenden Tabelle werden die verschiedenen Artikel eines fiktiven Unternehmens analysiert.

In diesem Fallbeispiel zeigt sich deutlich, dass die beiden ersten Artikel einen überragenden Wertanteil mit zusammen 70 % besitzen, obwohl ihr Mengenanteil mit zusammen 8,33 % eher bescheiden ist (= A-Artikel). Die letzten vier Artikel haben zusammen gerade mal einen Wertanteil von 6 %, der Mengenanteil ist aber mit 66,67 % sehr hoch. Die drei B-Artikel liegen dazwischen und können auch entsprechend so oder so behandelt werden.

Tipps:

Die ABC-Analyse kann auch in anderen Bereichen verwendet werden, z. B. in der Lagerhaltung. Zudem wird die Logik der Lorenzkurve auch bei der Darstellung der Einkommensverteilung in der VWL verwendet. Nur erfolgt dort eine umgekehrte Reihenfolge – vom ärmsten zum reichsten Haushalt.

1

Deswegen hängt die Kurve auch nach unten durch. In Prüfungen müssen die Artikel zumeist zuerst dem Wert nach sortiert werden.

Art.-Nr.	Preis	Menge	Wert	Anteil	kum.	Gruppe
B7-T4_01	800	125	100.000	40,00 %	40,00 %	A
B7-T4_02	600	125	75.000	30,00 %	70,00 %	A
B7-T4_03	100	250	25.000	10,00 %	80,00 %	B
B7-T4_04	80	250	20.000	8,00 %	88,00 %	B
B7-T4_05	60	250	15.000	6,00 %	94,00 %	B
B7-T4_06	10	500	5.000	2,00 %	96,00 %	C
B7-T4_07	8	500	4.000	1,60 %	97,60 %	C
B7-T4_08	7	500	3.500	1,40 %	99,00 %	C
B7-T4_09	5	500	2.500	1,00 %	100,00 %	C
Σ	–	3.000	250.000	100,00 %	–	–

In der folgenden Abbildung werden die kumulierten Prozentsätze in Form einer Lorenzkurve dargestellt. Die Lorenzkurve stellt die kumulierten Werte der einzelnen Artikel dar. Dabei werden die Artikel nach ihrem Wert sortiert – vom größten zum geringsten Wert.

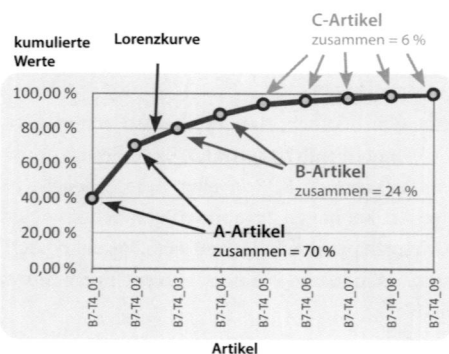

Hinweis:

Sofern man noch einen Artikel 0 anfügt, beginnen auch die kumulierten Werte bei 0 (im Ursprung des Koordinatensystems).

XYZ-Analyse

Die XYZ-Analyse ergänzt die ABC-Analyse. Hier [H 2014 II: A7c, 2 Pt.] werden die Artikel danach beurteilt, ob sie a) Verbrauchsschwankungen unterliegen und b) ihr Verbrauch prognostizierbar/planbar ist:

- **X-Artikel**: Sie unterliegen einem konstanten Verbrauch und sind gut planbar.

- **Y-Artikel**: Sie unterliegen einem mittelmäßig schwankenden Verbrauch und sind mittelprächtig vorhersehbar/planbar.

- **Z-Artikel**: Sie unterliegen einem stark schwankenden Verbrauch und sind nur sehr schlecht planbar.

Kombination der beiden Verfahren

Wenn nun beide Analysen zusammengebracht wer- [F 2016 II: A8a-b, 16 Pt.] den, erhält man eine (3 × 3 =) 9-Felder-Tabelle mit entsprechenden Strategien. Die mittleren Felder (B- und Y-Artikel) wurden zur Vereinfachung weggelassen, da sie ohnehin nur einen Mittelweg darstellen, wodurch sich eine 4-Felder-Tabelle ergibt (vgl. zu den Begriffen Kap. 1.3.1):

	X-Artikel	**Z-Artikel**
A-Artikel	• hoher Wertanteil • geringe Schwankungen • fertigungssynchrone Beschaffung (just-in-time)	• hoher Wertanteil • starke Schwankungen • Vorratsbeschaffung oder Einzelbeschaffung
C-Artikel	• geringer Wertanteil • geringe Schwankungen • Vorratsbeschaffung	• geringer Wertanteil, • starke Schwankungen • Vorratsbeschaffung

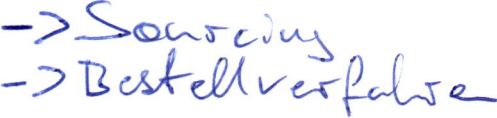

1

1.3 Beschaffungsprozess

In Kapitel 1.2 ging es um den Einkaufsprozess und dabei insbesondere um die Wahl geeigneter Lieferanten. Nun werden die Beschaffungsprozesse betrachtet. Ziel ist dabei die folgenden 5 Schritte zu optimieren:

1. **Beschaffungsstrategien** unterscheiden: In Abhängigkeit vom Fertigungsverfahren stehen verschiedene grundlegende Beschaffungsstrategien zur Verfügung.

2. **Bedarfsmengen** berechnen: Welche Materialien und welche Mengen werden davon jeweils benötigt?

3. **Liefermengen** ermitteln: Welche Liefermengen sind zu wählen? Wenn die Bedarfsmengen pro Zeiteinheit berechnet wurden, sind die aus wirtschaftlicher Sicht optimalen Liefermengen zu bestimmen, um einen optimalen Kompromiss zwischen Lieferungs-/Beschaffungs- sowie Lagerhaltungskosten zu finden.

4. **Lieferzeitpunkte** festlegen: Zu welchen Zeitpunkten bzw. in welchen Zeitintervallen sind die Liefermengen zu liefern.

5. **Feinabruf** als fortgeschrittene Lösung.

1.3.1 Beschaffungsstrategien

Ziel der Beschaffungsstrategie ist die Sicherstellung der Versorgung des Unternehmens mit den entsprechenden Waren und Materialien (je nach Branche:

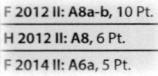

F 2012 II: A8a-b, 10 Pt.
H 2012 II: A8, 6 Pt.
F 2014 II: A6a, 5 Pt.

Handel oder Industrie). Dabei müssen die damit verbundenen Kosten berücksichtigt werden, und im Rahmen gehalten werden.

Es werden drei grundlegende Beschaffungsstrategien unterschieden:

- **Einzelbeschaffung**: Diese Form ist insbesondere bei der Einzelfertigung Standard.

- **Vorratsbeschaffung**: Die resultierenden relativ großen Lagerbestände sind besonders bei stark schwankender Nachfrage sinnvoll.

                 FHS-Verlag.de
Fachbuchverlag Holger Stöhr

- ◆ Zu den **Vorteilen** zählen die jederzeitige Verfügbarkeit der Artikel sowie die günstigen Einkaufskonditionen durch Einkauf größerer Mengen.

- ◆ Dem stehen allerdings die **Nachteile** der höheren Lagerhaltungskosten (Kapitalbindung, Lagergröße, Mitarbeiteranzahl etc.) und die Gefahr des Untergangs der Waren (Verderb, Schwund, Diebstahl und Veralterung) gegenüber.

- **fertigungssynchrone Beschaffung**: Ziel ist die Minimierung der Lagerbestände durch eine Angleichung der Liefermengen an die Verbrauchsmengen (just in time-Lieferung). Dies ist insbesondere bei AX-Artikeln denkbar, die durch große Bedeutung (und damit hohen Lagerkosten) sowie guter Planbarkeit und geringen Verbrauchsschwankungen gekennzeichnet sind. So wird dieses Prinzip bspw. bei der Automobilfertigung angewandt.

  - ◆ Zu den **Vorteilen** zählen die Senkung der Lagerhaltungskosten und der Wegfall des Lagerrisikos.

  - ◆ **Nachteil**: Es besteht ein grundsätzliches Risiko, dass die Fertigung bei Ausbleiben der Lieferungen stockt – mit den entsprechend hohen Kosten eines stehenden Fließbandes (bspw. in der Automobilwirtschaft). Zu diesem Zweck wird das Risiko auf den Lieferanten übertragen, der möglichst nebenan ein Zwischenlager hält, bzw. die Lagerhaltung findet durch den Lieferanten auf der Straße statt.

In diesem Zusammenhang sind auch die folgenden beiden Begriffe zu unterscheiden:

- **Just-in-time-Fertigung** (bedarfssynchrone Fertigung; JIT): Das Material wird zu dem Zeitpunkt geliefert, wenn es in der Fertigung benötigt wird. Damit werden umfängliche Lagerbestände vermieden. Es ist ein komplexes System, das eine genaue Abstimmung mit den Lieferanten erfordert. Zudem dürfen keine unvorhersehbaren Verbrauchsentwicklungen entstehen.

- **Just-in-sequence-Fertigung** (reihenfolgesynchrone Fertigung; JIS): Dies ist eine Weiterentwicklung der Just-in-time-Fertigung. Bei

1

diesem werden die Materialien zeitgerecht angeliefert. Das JIS geht hier noch einen Schritt weiter: Die Materialien werden nicht nur zeitgerecht, sondern auch noch zusätzlich in der richtigen Reihenfolge (Sequenz) geliefert. Dies erfordert eine noch genauere EDV-basierte Abstimmung mit allen Lieferanten.

Beide Systeme können jedoch nur von marktmächtigen Unternehmen gegenüber ihren Lieferanten durchgesetzt werden.

1.3.2 Bedarfsrechnung

Sofern die Frage nach der grundlegenden Beschaffungsstrategie beantwortet wurde, erfolgt die Ermittlung der notwendigen Teile und der jeweils notwendigen Teile/Materialien. Zu diesem Zweck sollten die folgenden Begriffe bekannt sein:

- **Primärbedarf**: Menge des zu fertigenden Endprodukts.

- **Sekundärbedarf**: Menge der jeweils hierfür notwendigen Teile.

- **Tertiärbedarf**: Menge der hierfür erforderlichen Hilfs- und Betriebsstoffe. Der Tertiärbedarf ist für unsere nähere Betrachtung nicht weiter von Bedeutung.

Zu unterscheiden sind nun drei grundlegende Formen der Bedarfsermittlung für den Sekundärbedarf, die nach der Aufzählung ausführlich erläutert werden:

- **deterministische Bedarfsermittlung**: programm-/plangesteuerte Verfahren (auch bedarfsgesteuert oder Push-Prinzip genannt) anhand von Stücklisten.

- **stochastische Bedarfsermittlung**: statistische, verbrauchgesteuerte Verfahren mit Zahlen der Vergangenheit (Pull-Prinzip).

- **heuristische Bedarfsermittlung:** Schätzverfahren als Notlösung, sofern die beiden anderen Verfahren nicht anwendbar sind.

Verfahren der deterministischen Bedarfsermittlung

Determinismus steht allgemein für eine Denkweise, die Entwicklungen durch die jeweiligen Gegebenheiten vorherbestimmt sieht.

F 2014 II: A5, 5 Pt.
F 2017 II: A6, 9 Pt.

So ermitteln diese Verfahren den Bedarf anhand der Mengen des Primärbedarfs und der je Endprodukt jeweils notwendigen Baugruppen und Einzelteile. Hierfür sind also entsprechende **Stücklisten** notwendig, die erfassen, welche Teile und Baugruppen für die Fertigung bestimmter Endprodukte notwendig sind. Dies ist in modernen computergestützten PPS-Systemen (Produktionsplanungs- und Steuerungssysteme) kein Problem mehr, da hier der Sekundärbedarf an Baugruppen und Teilen in Form von Stücklisten exakt erfasst wird. Diese **bedarfsgesteuerten Verfahren der Materialbereitstellung** sind grundsätzlich exakt, sofern kein unvorhergesehener höherer Verbrauch entsteht (bspw. durch vermehrten Ausschuss).

Zunächst muss hier der **Primärbedarf** festgestellt werden. Sofern die Anzahl der zu fertigenden Endprodukte feststeht, kann anhand von Stücklisten ermittelt werden, welcher **Sekundärbedarf** an den einzelnen Teilen besteht. Zur übersichtlichen Darstellung und zur Erleichterung der Berechnung werden **Gozintographen** verwendet. Dies ist eine Umschreibung für goes-into-Graphen, sprich eine Darstellung der Einzelteile und Baugruppen, die schrittweise zu einem Endprodukt zusammengesetzt werden. Daraus lässt sich dann der Sekundärbedarf aller Einzelteile ermitteln. Schema zur Berechnung des Nettobedarfs:

Sekundärbedarf

+ Zusatzbedarf (für ungeplanten Bedarf)

– Lagerbestand

+ Reservierungen

+ Mindestbestand (eiserne Reserve)

= Nettobedarf

Fallbeispiel zu Gozintographen

Zur Veranschaulichung dient das folgende Fallbeispiel (typisch für IHK-Prüfungen): Für die Fertigung des Endprodukts E 17 (80 St.) werden 3 Baugruppen (BG 7-9) sowie die 5 Teile (T4-T8) benötigt. Es liegen zudem die folgenden tabellarischen Angaben vor:

H 2014 II: A8, 12 Pt.
F 2015 II: A6a-d, 10 Pt.
H 2017 II: A6, 14 Pt.

Bezeichnung	Lagerbestände	Mindestbestand	Reservierung
E 17	0	–	–
BG 7	10	–	–
BG 8	0	–	–
BG 9	20	–	5
T 4	300	200	100
T 5	1.200	500	50
T 6	200	100	–
T 7	500	300	–
T 8	500	300	–

Hier der dazugehörige **Gozintograph (Erzeugnisstruktur):**

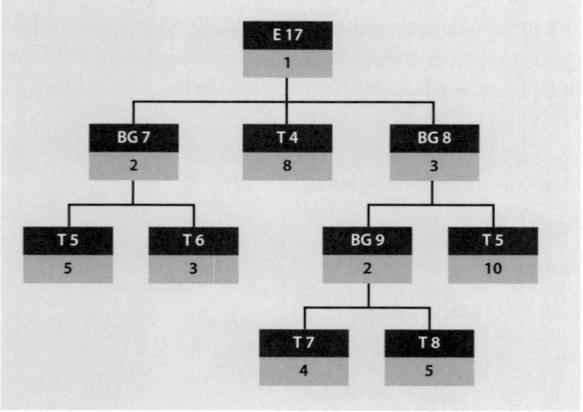

❶ Zuerst wird die (Mengen-) Stückliste für das Erzeugnis E 17 ermittelt. Sie setzt sich aus den notwendigen (Einzel-) Teilen für eine Einheit von E 17 zusammen. Hier müssen die verschiedenen Stufen miteinander multipliziert werden und ggf. bedacht werden, dass ein Teil an mehreren Stellen auftauchen kann.

Teile	Stückliste	Bruttobedarf	Lagerbestand	Nettobedarf
Nr.	für E 17	für 80 St.	verfügbar	für 80 St.
T 4	8	❷ 640	0	640
T 5	40	3.200	❸ 700	2.500
T 6	6	480	130	350
T 7	24	1.920	260	1.660
T 8	❶ 30	2.400	275	2.125

❷ Anschließend erfolgt eine simple Multiplikation der Mengenstückliste mit dem Primärbedarf (hier jeweils × 80 St.).

❸ Der verfügbare Lagerbestand ergibt sich aus den Lagerbeständen, abzüglich der Angaben zum Mindestbestand und den Angaben der Reservierung. Vorsicht: Wenn vorgelagerte Baugruppen noch vorrätig sind, werden diese Bestände (multipliziert mit den jeweiligen Teilen je Baugruppe) hinzugerechnet. Denn diese müssen ja nicht gefertigt werden. Allerdings dürfen hier nur die freien Lagerbestände der Baugruppen berücksichtigt werden. Im Fall T 5 erhalten wir: 1.200 St. – 500 St. – 50 St. + 5 × 10 St. = 700 St.

Zudem noch die **Baukastenstücklisten**:

E 17	Stück
BG 7	2
T 4	8
BG 8	3

BG 7	Stück
T 5	5
T 6	3

BG 8	Stück
BG 9	2
T 5	10

BG 9	Stück
T7	4
T 8	5

Verfahren der stochastischen Bedarfsermittlung

Der Begriff *Stochastik* wird häufig als Synonym für   F 2014 II: A5, 5 Pt.
Statistik verwendet. Dementsprechend sind dies statistische Verfahren,
die auf den **Verbrauchswerten der Vergangenheit** aufbauen. Daraus
werden Prognosen für den zukünftigen Bedarf abgeleitet. Einerseits ist
eine große Datenbasis für die Anwendung dieser Verfahren notwendig.
Andererseits können diese **verbrauchsgesteuerten Verfahren der Materialbereitstellung** neuere Entwicklungen nicht vorhersehen (bspw.
Branchen- oder Konjunkturschwächen). Es werden die folgenden Verfahren unterschieden:

- **arithmetisches Mittel**: Hier wird einfach die Summe der Mengen
  vergangener Monate durch die Anzahl der Monate geteilt.

- **gewogenes arithmetisches Mittel**: In diesem Fall werden die Mengen der vergangenen Monate gewichtet (jüngere Monate mit höhe-
  rem Gewicht) und durch die Anzahl der Monate geteilt.

- Beide Verfahren werden für gewöhnlich in Form eines (gewogenen)
  gleitenden Mittelwerts berechnet. Hier wird jeweils der älteste Monat durch den gerade abgelaufenen Monat ersetzt. Alle Mittelwert-
  verfahren sind nur bei geringen Schwankungen geeignet.

- **Regressionsanalyse**: Sofern eine trendartige Entwicklung (nach
  oben oder unten) vorliegt, kann der weitere Verlauf der Trendlinie
  mit Hilfe der rechnerisch aufwendigen Regressionsanalyse prog-
  nostiziert werden.

- **exponentielle Glättung**: Wenn hingegen gar kein Muster erkennbar
  ist, wird die exponentielle Glättung angewandt. Dabei werden ebenfalls Werte der Vergangenheit verwendet, bei denen aber je nach
  Glättungsfaktor die jüngere Vergangenheit stärker berücksichtigt
  wird. Ein Fallbeispiel folgt nach der Tabelle.

Zu Veranschaulichung wiederum ein Fallbeispiel der Bedarfsermittlung
für den Monat August auf der folgenden Seite. In diesem Fallbeispiel
steigt der Verbrauch stetig an. Folglich hinkt das arithmetische Mittel

hinterher. Sofern jedoch die jüngeren Monate höher gewichtet werden, wird dieser Effekt etwas abgemildert. Verfahren, die auf arithmetischen Mittelwertberechnungen beruhen, sind insbesondere dann ungeeignet, wenn des einen eindeutigen Trend nach oben oder unten gibt.

Monat	Verbrauch	arithm. Mittel	Gewicht	gew. arith. M. f. Aug.
	für T 5	gleitend (4 Monate)		gleitend (4 Monate)
Jan.	30	–	–	–
Feb.	32	–	–	–
März	34	–	–	–
April	36	–	1,0	–
Mai	38	33,0	2,0	–
Juni	40	35,0	3,0	–
Juli	42	37,0	4,0	–
Aug.	44	39,0	–	40,0

Fallbeispiel zur exponentiellen Glättung

Zur stochastischen Bedarfsermittlung mit Hilfe der exponentiellen Glättung für den Monat sind drei Angaben notwendig:

F 2012 II: A8a-b, 6 Pt.
F 2014 II: A8a-b, 8 Pt.
H 2016 II: A8a-b, 8 Pt.

- Vorhersagewert für den den letzten Monat: V_{Juli} = 50 Stück

- tatsächlicher Verbrauch des letzten Monats: T_{Juli} = 40 Stück

- Glättungsfaktor: a) $\alpha = 0,8$, b) $\alpha = 0,3$. Der Glättungsfaktor muss zwischen 0 und 1 sein.

Die allgemeine Formel lautet für den prognostizierten Bedarf:

$$V_{neu} = V_{alt} + \alpha \times (T_{alt} - V_{alt})$$

$$V_{August} = V_{Juli} + \alpha \times (T_{Juli} - V_{Juli})$$

a) $V_{August} = 50 + 0,8 \times (40 - 50) = 42$

b) $V_{August} = 50 + 0,3 \times (40 - 50) = 47$.

Fazit: Je größer der Glättungsfaktor ist, umso mehr werden die Abweichungen der tatsächlichen von den prognostizierten Werten in die neue Prognose mit einfließen.

Verfahren der heuristischen Bedarfsermittlung

Sofern weder entsprechende Stücklisten verwendet werden können, noch entsprechende Erfahrungswerte der Vergangenheit vorliegen, werden heuristische Verfahren eingesetzt. Hierbei handelt es sich um **Schätzverfahren**, die für gewöhnlich auf den **subjektiven Erfahrungen** des entsprechenden Planers/Entscheidungsträgers basieren. Diese Verfahren sollten nur dann verwendet werden, wenn die anderen Verfahren nicht anwendbar sind. *Heuristik* steht dabei allgemein für ein analytisches Vorgehen, bei dem mit begrenztem Wissen und mit Hilfe von subjektiven Einschätzungen Aussagen getroffen werden (bspw. Schätzungen).

FHS-Verlag.de
Fachbuchverlag Holger Stöhr

1.3.3 Liefermengen

Sofern die Frage nach den **Bedarfsmengen** geklärt ist, stellt sich im Anschluss die Frage nach den **Liefermengen**. Wichtig ist, dabei zu erkennen, dass die Bedarfsmengen eines bestimmten Zeitraums (bspw. eines Monats) nicht unbedingt den Liefermengen entsprechen müssen. Es könnte auch die Verteilung der Bedarfsmenge auf mehrere Lieferungen in einem Monat sinnvoll sein (bspw. bei A-Gütern).

Ziele bei der Ermittlung der optimalen Liefermengen

Das Problem liegt nun im **Zielkonflikt** zwischen **Bestellkosten**, die mit sinkender Bestellhäufigkeit bzw. steigenden Bestellmengen sinken und den **Lagerhaltungskosten**, bei denen es genau umgekehrt ist:

F 2009 II: A5a, 4 Pt.
F 2011 II: A8a, 2 Pt.
H 2015 II: A6a, 4 Pt.

- Je größer die Bestellmengen werden, desto geringer werden die **Bestellkosten** (die sich aus den Transaktionskosten und den **Bezugspreisen = Einstandspreisen** zusammensetzen).

- Je größer die Bestellmengen sind, desto größer werden die **Lagerhaltungskosten** (für Kapitalbindung, Personal, Raumkosten usw.).

Andler-Formel zur Berechnung der optimalen Bestellmenge

Zur Berechnung der optimalen Bestellmengen wird für gewöhnlich die Andler-Formel verwendet:

$$x_{opt} = \sqrt{\frac{2 \times Jahresbedarf \times Bestellkosten}{Lagerhaltungskostensatz \times Bezugspreis}}$$

Tipp:

Der Lagerhaltungskostensatz muss unbedingt in Dezimalform angegeben werden: bei 30 % also 0,3.

Zahlenbeispiel zur Bestimmung der optimalen Bestellmenge

Zur Veranschaulichung nun folgendes Fallbeispiel:

- Jahresbedarf = 5.000 Stück

- Bezugspreis pro Stück = 150 €/St.

- Bestellkosten je Bestellvorgang = 30 €

- Lagerhaltungskostensatz = 20 % bzw. 0,20

$$x_{opt} = \sqrt{\frac{2 \times 5.000 \text{ St.} \times 30 \text{ €}}{0,20 \times 150 \text{ €/St.}}} = 100 \text{ St.}$$

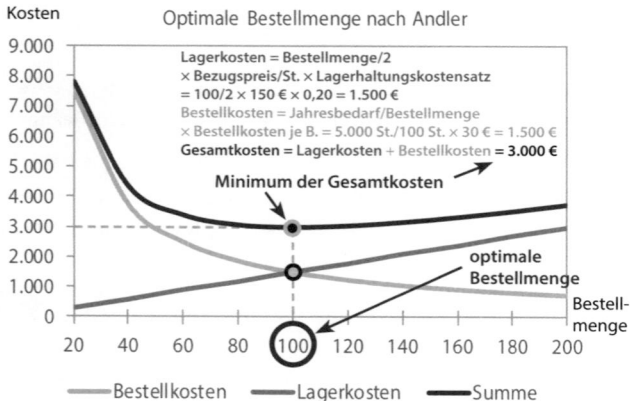

Fazit bzw. Schlussfolgerungen

- Je größer der Jahresbedarf und die Bestellkosten sind (= Zähler des Bruchs in der Andler-Formel), desto größer wird auch die optimale Bestellmenge.

- Je größer der Lagerhaltungskostensatz und der Bezugspreis sind (= Nenner des Bruchs), desto geringer wird die optimale Bestellmenge, da die Lagerhaltungskosten (Kapitalbindung) steigen.

Gründe einer Abweichung von der optimalen Bestellmenge

In der Praxis kann es trotzdem Gründe geben, von diesem theoretischen Konzept abzuweichen: 1. begrenzte Lagerkapazitäten führen zu kleineren Mengen, 2. sich verändernder Lagerkostensatz (erfordert neue Berechnung), 3. sich kurzfristig ändernde Bedarfsmengen oder Einstandspreise, 4. bestimmte Packungs- oder Transportgrößen erfordern dies, 5. mangelnde Liquidität führt zu kleineren Mengen und 6. Erwartung sinkender (steigender) Preise kann zu kleineren (größeren) Bestellmengen führen.

F 2009 II: A5b, 6 Pt.
F 2011 II: A8b, 6 Pt.
H 2012 II: A6b, 2 Pt.
F 2013 II: A7c, 2 Pt.
H 2015 II: A6b, 6 Pt.
F 2017 II: A7c, 6 Pt.

Zahlenbsp.: Vorteilhaftigkeit der optimalen Bestellmenge

Zur Veranschaulichung, inwiefern sich durch die Anwendung der optimalen Bestellmenge nach der Andler-Formel tatsächlich die Kosten senken lassen, erweitern wir das vorherige Fallbeispiel. Wir stellen nun die Frage, wie die Kosten im Vergleich dazu wären, wenn nur einmal pro Quartal bestellt würde.

F 2010 II: A7b, 6 Pt.
F 2012 II: A7b, 6 Pt.
F 2013 II: A7b, 6 Pt.
F 2017 II: A7a, 6 Pt.

1. Fall: 1.250 St. Bestellmenge je Quartal bei 4 Bestellungen:

$$\text{Lagerkosten} = \frac{1.250 \text{ St.}}{2} \times 0,20 \times 150 \text{ €/St.} = 18.750 \text{ €}$$

$$\text{Bestellkosten} = 4 \text{ Bestellungen} \times 30 \text{ €/Best.} = 120 \text{ €}$$

$$\rightarrow \text{Gesamtkosten} = \text{Lagerkosten} + \text{Bestellkosten} = 18.870 \text{ €}$$

2. Fall: 100 St. Bestellmenge je Quartal bei 50 Bestellungen:

$$\text{Lagerkosten} = \frac{100 \text{ St.}}{2} \times 0,20 \times 150 \text{ €/St.} = 1.500 \text{ €}$$

$$\text{Bestellkosten} = 50 \text{ Bestellungen} \times 30 \text{ €/Best.} = 1.500 \text{ €}$$

$$\rightarrow \text{Gesamtkosten} = \text{Lagerkosten} + \text{Bestellkosten} = 3.000 \text{ €}$$

Es zeigt sich deutlich die Vorteilhaftigkeit der optimalen Bestellmenge.

1.3.4 Lieferzeitpunkt

Nachdem die Bedarfsmengen bestimmt und die einzelnen optimalen Liefermengen ermittelt wurden, können die Lieferzeitpunkte festgelegt werden. Sofern deterministische Methoden der Bedarfsermittlung angewandt werden, ist dies relativ einfach zu bestimmen. Wenn jedoch stochastische bzw. verbrauchsgesteuerte Verfahren genutzt werden, können vier Verfahren unterschieden werden. Von diesen Verfahren interessieren uns im weiteren Verlauf nur die beiden invertiert hervorgehobenen Fälle ❶ und ❹, die später näher beschrieben werden:

Sicherheitsbestand

In allen Verfahren sollte aus den folgenden Gründen   F 2013 II: A5a, 3 Pt.
heraus ein **Sicherheitsbestand** (auch **Mindestbestand** bzw. **eiserne Reserve** genannt) berücksichtigt werden:

- **Bedarfsunsicherheiten**: Abweichungen zwischen tatsächlichen und ermittelten Bedarfsmengen

- **Bestandsunsicherheiten**: Inventurdifferenzen, bspw. aufgrund von Schwund, Diebstahl, Verderb, Falschbuchungen.

- **Lieferunsicherheiten**: aufgrund von verspäteten Lieferungen

- **Qualitätsunsicherheiten**: unbrauchbare/kaputte Materialien

Bestellpunktverfahren

Bei diesem Verfahren werden **Meldebestände** ermittelt, die den **Bestell-zeitpunkten** entsprechen, die so gestaltet sind, dass bei einer erwarteten Lieferzeit und einen gewöhnlichen Verbrauch pro Tag zum Zeitpunkt der Anlieferung der Sicherheitsbestand erreicht wird und damit im Normalfall nicht unterschritten wird. Dabei werden immer die gleichen Bestellmengen geordert, aber die Bestellzeitpunkte können variieren.

Formeln zu den Lieferzeitpunkten

Zur Berechnung des Sicherheitsbestands (SB) und des Meldebe-standes (MB) etc. werden die folgenden Formeln verwendet:

$SB = Sicherheitszeit \times \varnothing\ Verbrauch\ pro\ Tag$

$MB = Lieferzeit \times \varnothing\ Verbrauch\ pro\ Tag + Sicherheitsbestand$

$Bestellmenge = Lagerkapazität - SB$

$Jahresverbrauch = Fertigungstage\ pro\ Jahr \times \varnothing\ Verbrauch\ pro\ Tag$

$Bestellhäufigkeit = \dfrac{Jahresverbrauch}{Bestellmenge}$

Auf der nächsten Seite finden Sie ein dazu passendes Zahlenbeispiel.

Die Lagerkapazität bzw. der Höchstbestand sollte dabei nicht als wirk-lich maximal lagerbare Menge interpretiert werden. Sie stellt vielmehr den Sollbestand nach Lieferung dar.

Tipp:

In IHK-Prüfungen wird für gewöhnlich von diesem idealtypischen Fall des folgenden Fallbeispiels ausgegangen – auch wenn es in der Realität wohl eher selten sein dürfte.

Fachbuchverlag Holger Stöhr

1

Fallbeispiel zu den Lieferzeitpunkten

F 2013 II: A5b-c, 5 Pt.
F 2015 II: A8a-b, 5 Pt.

Angaben:

- Lagerkapazität = 5.600 St.
- Verbrauch/Tag = 200 St./Tag
- Fertigungstage (Plan) = 360 Tage
- Wiederbeschaffungszeit = 5 Tage
- Zeitbedarf Eingangskontrolle = 1 Tage
- Reichweite des Sicherheitsbestands = 10 Tage

Aufgaben:

a) Ermitteln Sie den Sicherheitsbestand und den Meldebestand.

b) Berechnen Sie die Bestellmenge und die Bestellhäufigkeit.

Lösungen:

a) SB = 10 Tage × 200 St. pro Tag = 2.000 St.

MB = 6 Tage × 200 St. pro Tag + 2.000 St. = 3.200 St.

b) Bestellmenge = 5.600 St. − 2.000 St. = 3.600 St./Best.

Jahresverbrauch = 360 Tage × 200 St. pro Tag = 72.000 St.

$$\text{Bestellhäufigkeit} = \frac{72.000 \text{ St.}}{3.600 \text{ St./Best.}} = 20 \text{ Bestellungen}$$

Zur besseren Übersicht ist auf der nächsten Seite noch eine dazu gehörende Abbildung zum Bestellpunktverfahren anhand des eben berechneten Beispiels. Es wird hier ebenfalls ein **idealtypischer Verlauf** dargestellt, bei dem der tatsächliche dem prognostizierten Verbrauch immer entspricht.

Fazit: Die Bestellzeitpunkte sind regelmäßig alle 18 Tage und die Bestellmengen betragen jeweils 3.600 St.

      © 2018, Fachbuchverlag Holger Stöhr (FHS)   **FHS-Verlag.de**
Fachbuchverlag Holger Stöhr

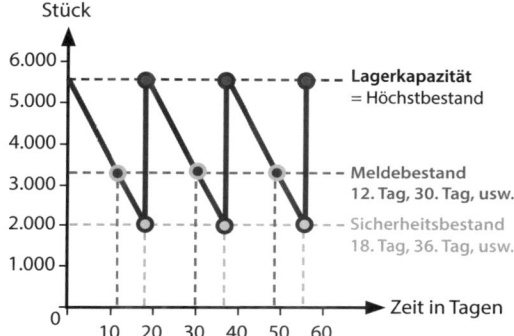

In der Realität dürfte dieser idealtypische Fall wohl eher selten eintreffen. Daher betrachten wir nun den realistischeren Fall unregelmäßiger Bestellpunkte. Die Bestellmengen bleiben hingegen fix. Es lassen sich dabei die folgenden drei Fälle unterscheiden:

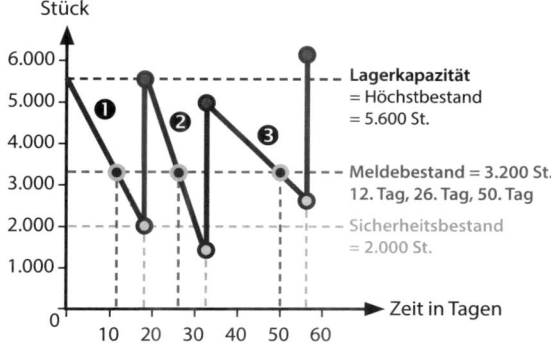

❶ Im ersten Fall entspricht der tatsächliche dem durchschnittlichen Verbrauch (200 St.), dadurch wird genau beim Eintreffen der neuen Lieferung der Sicherheitsbestand erreicht.

❷ Der zweite Fall beschreibt einen höheren als den erwarteten Verbrauch (300 St./Tag > 200 St./Tag). Hier wird bis zum Eintreffen der Nachlieferung der Sicherheitsbestand unterschritten.

❸ Der letzte Fall ist bei einem geringeren als dem erwarteten Verbrauch (100 St./Tag < 200 St./Tag). Hier wird bei Eintreffen der Nachlieferung der Sicherheitsbestand noch nicht erreicht.

Fazit: Die Bestellzeitpunkte sind unregelmäßig, die Bestellmengen hingegen fix. Zudem sind die Bestände nach dem Eintreffen der Lieferungen oft nicht der Lagerkapazität entsprechend.

Bestellrhythmusverfahren

Bei diesem Verfahren wird zu festen Zeitpunkten der Lagerbestand geprüft und entsprechend geordert. Der idealtypische Verlauf entspricht vom Ergebnis demjenigen des Bestellpunktverfahrens. Nur gibt es halt keine Meldebestand, sondern feste Bestellzeitpunkte:

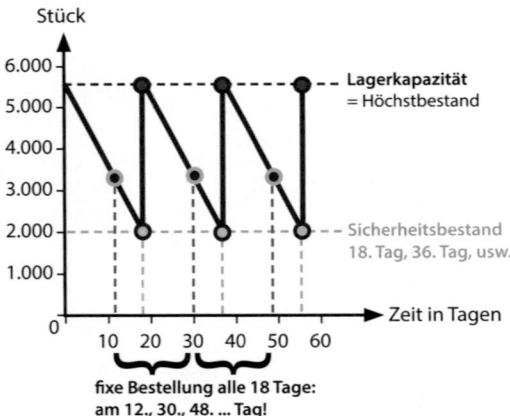

In der Realität dürfte dieser idealtypische Fall nicht immer eintreffen. Daher bleiben die Bestellzeitpunkte fix, aber die Bestellmengen werden variabel. Es wird immer so viel geordert, dass beim Materialeingang voraussichtlich die Lagerkapazität erreicht wird. Dies erfordert in den folgenden drei Fällen unterschiedliche Bestellmengen:

❶ Im ersten Fall entspricht der tatsächliche dem durchschnittlichen Verbrauch (200 St.), dadurch wird genau beim Eintreffen der neuen Lieferung der Sicherheitsbestand erreicht.

❷ Der zweite Fall beschreibt einen höheren als den erwarteten Verbrauch (300 St./Tag > 200 St./Tag). Die neue Bestellung fällt mit 5.400 St. größer aus.

❸ Der letzte Fall ist bei einem geringeren als dem erwarteten Verbrauch (100 St./Tag < 200 St./Tag). Hier werden 1.800 St. bestellt.

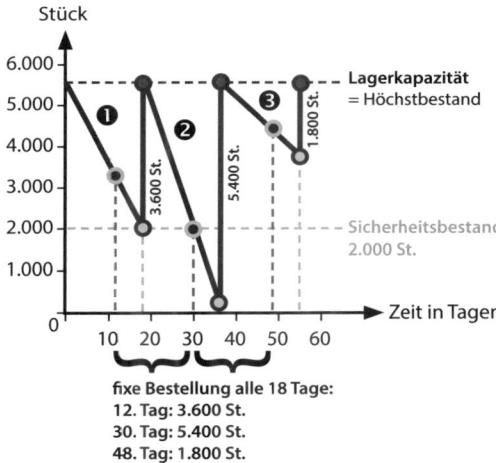

fixe Bestellung alle 18 Tage:
12. Tag: 3.600 St.
30. Tag: 5.400 St.
48. Tag: 1.800 St.

1.3.5 Feinabruf

In der betrieblichen Praxis wird bspw. bei der Just-in-time-Fertigung häufig ein Rahmenvertrag über die Lieferung bestimmter Materialien geschlossen. Der konkrete Abruf der einzelnen Materialien erfolgt dann nach Bedarf und wird dann jeweils konkretisiert (verfeinert, daher Feinabruf). Dies erfordert jedoch eine sehr enge Zusammenarbeit mit den Lieferanten über EDV-gestützte Systeme.

2 Materialwirtschaft u. Lagerhaltung

2.1 Materialwirtschaft

2.1.1 Wareneingang

Leider gibt es keine einheitliche Definition für den Begriff Materialwirtschaft, wie wir schon in Kapitel 1.1 feststellen mussten. Auf jeden Fall zählt zu ihr aber der Wareneingang, die Lagerhaltung sowie der interne Transport der Waren. Inwiefern die Beschaffung und der Transport zum Kunden hinzugerechnet werden sollten, ist umstritten.

Lieferantenbeurteilung

In Kapitel 1.2.4 ging es bei der Lieferantenbeurteilung um die Frage der Auswahl der geeigneten Lieferanten (bspw. hinsichtlich Preis, Qualität, Konditionen). In diesem Kapitel bezieht sich die Lieferantenbeurteilung auf die Lieferqualität und die Termintreue der Lieferanten.

Bauliche, technische und organisatorische Kriterien

In Bezug auf den Wareneingang sind sowohl bauliche, technische als auch organisatorische Kriterien zu berücksichtigen. Die baulichen und technischen Kriterien hängen sehr stark davon, welche Art und welche Menge von Materialien und mit welchen Verkehrsträgern (LKW, Bahn, Schiff) diese angeliefert werden. Zu berücksichtigen wären:

- notwendige Gebäude und Anfahrtswege

- Ablade-, Anlieferungsmöglichkeiten (Rampe etc.)

- technische Möglichkeiten der Einlagerungen (Gabelstapler etc.)

- Hilfsmittel bei der Erfassung und Eingangskontrolle

- technische Ausstattung der Lager (bspw. Hochregallager)

Zu den organisatorischen Kriterien zählen:

- konkrete Organisation des Wareneingangs (siehe folgenden Absatz) inkl. Materialannahme und -einlagerung

- Erstellung und Einhaltung von internen Prüfvorschriften beim Wareneingang

- Durchführung der Qualitäts- und Quantitätsprüfungen

Vorgang des Wareneingangs – Prüfung

Betrachten wir den Vorgang des Wareneingangs näher. Zu den notwendigen Schritten beim Wareneingang werden gerechnet:

> H 2009 II: A8a-b,d, 14 Pt.
> H 2009 II: A10c, 2 Pt.
> F 2011 II: A7a-d, 12 Pt.

- **Prüfung der Begleitpapiere**: **Identifikationsprüfung** der Artikel – richtige Artikel für den richtigen Adressaten zur richten Zeit?

- **Warenkontrolle**: Prüfung auf offene Mängel und Prüfung der Anzahl der Frachtstücke (**Mengenprüfung**). Im Falle eines Mangels wird die Unterschrift des Fahrers benötigt, der diesen Mangel bestätigt.

- **Vorgang der Entladung**: Umverpackungen ggf. wieder dem Frachtführer mitgeben

- **Mengenprüfung**: Stimmen die Mengen im Detail mit denjenigen laut Lieferscheinen überein.

- **Qualitätsprüfung**: Prüfung, sofern möglich, auf Mängel der Beschaffenheit.

- **Einlagerung**

- **Erfassung im Warenwirtschaftssystem**

- **Rechnungsprüfung:** Sobald die Rechnung eingeht, ist auf sachliche (richtige Ware in der richtigen Menge?), preisliche (marktüblicher Preis und laut Bestellung?) und rechnerische (Konditionen korrekt erfasst, Rechenfehler?) Fehler zu prüfen.

2.1.2 Beschaffungscontrolling

Grundsätzlich sollten Unternehmen intern Prüfvorschriften formulieren und darin genau festlegen, wann, wie und durch wen zu prüfen ist. Zudem sollte definiert werden, wie bei Mängeln vorzugehen ist. Damit setzt sich das Beschaffungscontrolling auseinander, das für die Planung, Steuerung und Kontrolle der Beschaffung zuständig ist.

Qualitätsprüfung

Da wir hier von Kaufleuten lt. HGB ausgehen, sind Rechtsgeschäfte **Handelsgeschäfte**. Bei einem **beidseitigen Handelsgeschäft** hat der Käufer der Ware diese unverzüglich auf einen Mangel hin zu untersuchen und ggf. zu rügen (§ 377 (1) HGB). Unterlässt

H 2010 II: A8a-b, 6 Pt.
H 2010 II: A9a-b, 6 Pt.
H 2012 II: A10a-c, 10 Pt.
H 2013 II: A7d, 2 Pt.
H 2016 II: A5b, 4 Pt.

er dies, gilt die Ware als genehmigt (§ 377 (2) HGB). Ein versteckter Mangel muss unverzüglich (max. 7 Tage) nach Entdeckung gerügt werden (§ 377 (3) HGB). Hat der Verkäufer den Mangel arglistig verschwiegen, besteht keine unverzügliche Prüf-/Rügepflicht (§ 377 (5) HGB). Folglich sind die folgenden Mängelarten zu unterscheiden:

- offene Mängel

- versteckte Mängel

- arglistig verschwiegene Mängel

- Transportschäden

In bestimmten Fällen ist eine ordentliche Prüfung gar nicht möglich:

- Sofern die Materialien schnell in der Fertigung benötigt werden.

- Die Prüfung der Materialien nicht ohne Zerstörung dieser möglich ist.

- Es gibt keine geeigneten Prüfmöglichkeiten (Messgeräte).

- In vielen Fällen reicht eine Prüfung von Stichproben. Dies gilt bspw. für C-Artikel.

2

2.2 Lagerhaltung

2.2.1 Lagerung

Zwar gehen wir in den folgenden Betrachtungen hauptsächlich von Materiallagern aus. Aber natürlich gibt es auch Lager für die fertigen Endprodukte.

Grundlegende Fragen der Lagerhaltung

- Welche Güter werden eingelagert?
- Wie sollen die Güter angeliefert werden (bspw. Bahn, LKW)?
- Soll eine zentrale oder dezentrale Lagerhaltung erfolgen?
- Wie viele Lager sind vorgesehen?
- Welche Kapazitäten sollen die Lager haben?
- Wo sollen die Lager sein (bspw. geografische Nähe zu Lieferanten)?
- Welche Infrastruktur ist erforderlich/vorhanden?
- Welche Anlieferungsmöglichkeiten sollen geschaffen werden?
- Welche Anlieferungskapazitäten sind notwendig?
- Welche Lagereinrichtungen sind vorhanden bzw. sind notwendig?

Funktionen des Lagers

- **Ausgleichsfunktion im Eingang**: Sofern kein perfekter fertigungssynchroner Wareneingang stattfindet, entspricht der Materialverbrauch nicht dem Materialeingang. Das Lager gleicht diese Verbrauchsschwankungen aus.

- **Ausgleichsfunktion im Ausgang**: Entsprechendes gilt auch für den Warenausgang. Sofern die Fertigerzeugnisse nicht auf direkte Bestellung gefertigt (und sofort vom Fließband ab ausgeliefert), sondern auf Vorrat produziert werden, entsteht ein entsprechender Lagerbedarf für Endprodukte.

- **Sicherheitsfunktion**: Zusätzlich dient ein Lager auch zur Sicherheit bei unvorhersehbaren Ereignissen (bspw. ein Erdbeben in Japan mit dem zeitweiligen Ausbleiben der Lieferung von Vorprodukten).

- **Mengenfunktion**: Je größer das Lager ist, umso eher können Mengenvorteile beim Einkauf genutzt werden. Dem stehen als Zielkonflikt entsprechend höhere Lagerhaltungskosten entgegen.

- **Spekulationsfunktion**: Wenn bei bestimmten Materialien starke Preisschwankungen vorherrschen, kann bei günstigen Preisen ein entsprechender großer Vorrat im Lager angelegt werden.

- **Veredelungsfunktion**: Bestimmte Güter erlangen erst durch die Lagerung ihre entsprechende Güte bzw. Qualität. Dies gilt bspw. gerade im Handel für Obst und Gemüse.

Verbrauchsfolgeverfahren

Zur **Bewertung des Materialverbrauchs** werden ins-   H 2013 II: A5, 6 Pt.
besondere die folgenden **Verbrauchsfolgeverfahren** verwenden:

- **Last-in-first-out** (LIFO): Hier wird bei der Bewertung davon ausgegangen, dass die zuletzt eingelieferten Zugänge zuerst verbraucht werden. Dies hätten wir im Lager bspw. dann, wenn Neuzugänge zuvorderst gelagert werden und zuerst entnommen werden. Nur dann sinnvoll, wenn die Artikel zeitunkritisch sind.

- **First-in-first-out** (FIFO): Hier wird bei der Bewertung davon ausgegangen, dass die zuerst angelieferten Zugänge zuerst verbraucht werden. Hier würden wie im Supermarkt die Neuzugänge hinten eingelagert und daher die Altbestände vorne zuerst entnommen. Dies ist bei Artikeln mit Mindesthaltbarkeitsdatum notwendig.

- **Highest-in-first-out** (HIFO): Es werden die am teuersten eingekauften Zugänge zuerst verbraucht.

2

Fallbeispiel zu den Lagerkennzahlen

Angaben:

F 2010 II: A7c, 2 Pt.
H 2012 II: A6a, 4 Pt.
H 2013 II: A8a-b, 13 Pt.
H 2016 II: A6a-b, 13 Pt.
F 2017 II: A5a, 8 Pt.

- Anfangsbestand = 500 St.

- Einstandspreis = 300 €

- Jahresverbrauch = 7.500 St.

- Quartalsendbestände = 550 St., 420 St., 510 St., 520 St.

- Lagerzinssatz = 6 %

$$\varnothing\ \text{Lagerbestand} = \frac{AB + SB}{2}$$

$$\varnothing\ \text{Lagerbestand} = \frac{AB + 4\ \text{Quartalsendbestände}}{5}$$

$$\varnothing\ \text{Lagerbestand} = \frac{500 + 550 + 420 + 510 + 520}{5} = 500\ \text{St.}$$

$$\varnothing\ \text{Lagerbestand} = \frac{AB + 12\ \text{Monatsendbestände}}{13}$$

$$\varnothing\ \text{Lagerbestand} = \frac{\text{Bestellmenge}}{2} + \text{Sicherheitsbestand}$$

$$\text{Umschlagshäufigkeit} = \frac{\text{Jahresverbrauch}}{\varnothing\ \text{Lagerbestand}} = \frac{7.500\ \text{St.}}{500\ \text{St.}} = 15$$

$$\varnothing\ \text{Lagerdauer} = \frac{360}{\text{Umschlagshäufigkeit}} = \frac{360\ \text{Tage}}{15} = 24\ \text{Tage}$$

$$\varnothing\ \text{Kapitalbindung} = \varnothing\ \text{Lagerbestand} \times \text{Einstandspreis}$$

$$= 500\ \text{St.} \times 300\ \text{€/St.} = 150.000\ \text{€}$$

$$\text{Lagerzinsen} = \frac{\varnothing\ \text{Kapitalbindung} \times \text{Zinssatz} \times \varnothing\ \text{Lagerdauer}}{100\ \% \times 360\ \text{Tage}}$$

$$\text{Lagerzinsen} = \frac{150.000\ \text{€} \times 6\ \% \times 24\ \text{Tage}}{100\ \% \times 360\ \text{Tage}} = 600\ \text{€}$$

Lagerarten

Lager ist nicht gleich Lager. Je nach Gütern, Ferti-   H 2011 II: A5a-b, 7 Pt.
gungsverfahren, Kommissionierungsart etc. werden verschiedene Lager
genutzt. Zu den wichtigsten Lagerformen zählen:

- **Blocklager**: Bei dieser einfachen Form der Lagerung werden die
  Güter aufeinander gestapelt.

Vorteile	Nachteile
• sehr günstig	• nur für stapelbare Güter
• einfach und schnell umsetzbar	• nur für Lifo geeignet

- **Einfache Regale/Fachbodenregale**: Für relativ kleine Mengen sind
  simple Regale denkbar.

Vorteile	Nachteile
• günstig	• nur für kleine Mengen
• flexibel	• für Fifo ungeeignet

- **Durchlaufregale**: Sie dienen zur Einlagerung in Regale nach dem
  Fifo-Prinzip. Dabei wird das Regal von der einen Seite gefüllt und
  die Entnahme erfolgt auf der anderen Seite.

Vorteile	Nachteile
• günstig	• höherer Platzbedarf
• für Fifo-Prinzip geeignet	• geringere Flexibilität

- **Palettenregale** für größere Mengen bestimmter Güter, die auf Paletten lager- und transportierbar sind.

Vorteile	Nachteile
• für große Mengen geeignet	• nur für palettierbare Güter
• Raumausnutzung	

2

- **Hochregallager**: Für noch größere Mengen in hohen Lagergebäuden sind Hochregallager geeignet. Diese ermöglichen bei einer chaotischen Lagerung eine optimale Nutzung der vorhandenen begrenzten Kapazitäten. Sie werden häufig vollautomatisch mit entsprechender technischer Ausstattung betrieben.

Vorteile	Nachteile
• für sehr große Mengen • optimale Nutzung des Raums • für chaotische Lagerung • für Fifo-Prinzip geeignet • geringere Lagerkosten	• hohe Investitionskosten • entsprechende technische Ausstattung erforderlich • hoher Organisationsaufwand

Lagerkosten

- Personal- und Maschinenkosten

F 2013 II: A8a-b, 12 Pt.

- Lagermiete oder Abschreibungen und Zinsen

- Lagerversicherungen

- Verwaltungskosten des Lagers

- Energiekosten (heizen, kühlen, beleuchten, sichern)

Lagerverwaltung

Schon die verschiedenen Lagerarten zeigten die verschiedenen Methoden der Einlagerung auf. Hierzu zählen:

- **feste Lagerordnung**

- **chaotische Lagerordnung**: nur EDV-gestützt möglich

Eigen- und Fremdlagerung

Zunächst mag die Frage seltsam erscheinen. Trotzdem gibt es Situationen, in denen eine Fremdlagerung vorzuziehen ist. Betrachten wir hierzu die Vor- und Nachteile der Fremdlagerung:

2

Fremdlagerung	
Vorteile	**Nachteile**
• bessere Lagerleistung des Fremdanbieters • gerade bei starken Schwankungen evtl. Kostensenkung durch Senkung der Fixkosten • höheres Know-how	• Kosten • Abhängigkeit • ggf. Qualität • Verlust von Know-how • ggf. schlechterer Standort

Konsignationslager

Für C-Artikel wird sehr häufig vom Lieferanten beim   F 2017 II: A5b-c, 4 Pt.
Kunden ein Lager unterhalten, das der Lieferant eigenständig nachfüllt. Der Kunde entnimmt bei Bedarf die C-Artikel und erst dann entstehen Kosten für den Kunden. **Vorteile:** (1) Dies reduziert die Verwaltungsaufwendungen für die relativ unbedeutenden C-Artikel. (2) Sicherung einer einfachen Materialversorgung. (3) Übertragung der Verantwortung auf den Lieferanten. (4) Zudem entfallen die Kapitalbindungskosten. **Nachteile:** Für diesen Service lässt sich der Lieferant entsprechend bezahlen, indem hier nicht die günstigsten Einkaufskonditionen erzielt werden können. Zudem entsteht durch die enge Zusammenarbeit eine gewisse Abhängigkeit vom Lieferanten.

2.2.2 Kommissionierung

Die Zusammenstellung der verschiedenen Güter eines Kundenauftrags (bzw. der Rücksendung an Lieferanten) wird als Kommissionierung bezeichnet.

Den Stellenwert der Kommissionierung kann man sich am Besten anhand eines großen Onlineversenders vorstellen, bei dem die Kommissionierung einen erheblichen Anteil der Wertschöpfung des Unternehmens darstellt und deswegen entsprechend optimiert sein muss. Ziele sind dabei einerseits eine kundengerechte Zusammenstellung (mit möglichst wenigen Fehlern) und andererseits möglichst geringe Kosten.

FHS-Verlag.de
Fachbuchverlag Holger Stöhr

3   Wertschöpfungskette

Der Sinn von Unternehmen besteht in der Schaffung eines Mehrwerts für den Kunden, der sich je nach Branche unterscheidet:

- **Handelsbetriebe** kaufen Waren ein und verkaufen diese weiter. Der Mehrwert liegt für den Kunden in der Überbrückung von Raum und Zeit vom Hersteller zum Kunden über die Zwischenstation des Händlers. Zudem bietet der Händler dem Kunden Sortimentsbildung, Präsentation, Information und teilweise Veredelung. Diese Wertschöpfung zeigt sich im höheren Verkaufspreis.

- **Industriebetriebe** kaufen Materialien ein, fertigen aus diesen Endprodukte und verkaufen diese teurer an den Kunden. Dieser Mehrwert stellt die Wertschöpfung des Industriebetriebs dar. Die nächsten Abschnitte konzentrieren sich auf Industriebetriebe.

Fertigungsarten

Zu den wesentlichen Fertigungsarten zählen:

- **Einzelfertigung**: Fertigung einzelner Erzeugnisse (bspw. Sonderanfertigungen)

- **Sortenfertigung**: Fertigung verschiedener Erzeugnisse, die auf einem Grundprodukt basieren und sich nur durch geringe Abweichungen unterscheiden (bspw. Schokoladen-, Joghurtsorten). Die Umstellung der Fertigung auf eine neue Sorte ist mit geringen Kosten der Umrüstung und geringen Umrüstzeiten gekennzeichnet.

- **Serienfertigung**: Es werden bestimmte begrenzte Stückzahlen einzelner Erzeugnisse produziert, die sich nicht ähnlich sein müssen. Die Kosten der Umrüstung und deren Zeiten können höher liegen.

- **Massenfertigung**: Hier werden bestimmte Erzeugnisse in sehr großer Menge (unbegrenzt) produziert.

- **Kuppelfertigung**: Im Rahmen eines Produktionsprozesses entstehen mehrere Produkte gleichzeitig (bspw. Erdölraffinerie).

3.1 Fertigungsprinzipien

Zu den verschiedenen Möglichkeiten, den Ferti- F 2015 II: A7a, 4 Pt.
gungsprozess zu organisieren, zählen:

- **Werkstattfertigung**: Konzentration von Mensch und Maschine in einem Raum in der Einzelfertigung (bspw. Kreuzfahrtschiff) oder der Fertigung kleiner Serien (siehe unten).

- **Reihenfertigung**: Anordnung von Mensch und Maschine in der logischen Abfolge der Fertigungsschritte – **ohne** feste Zeittaktung.

- **Fließfertigung**: Anordnung von Mensch und Maschine in der logischen Abfolge der Fertigungsschritte – **mit** fester Zeittaktung (siehe nächste Seite).

- **Fertigungsinseln**: Hier fertigen kleine Fertigungsteams zusammen eine bestimmte Anzahl von Fertigungsschritten gemeinsam (siehe unten).

3.1.1 Werkstattfertigung

In der **Werkstattfertigung** werden Maschinen und Mitarbeiter in einem Raum zusammengefasst und die Fertigung dort konzentriert. **Vorteil** ist das gebündelte Know-how und damit der Wissensaustausch. **Nachteile**: Der nicht stetige Fertigungsfluss bremst die Fertigungsgeschwindigkeit und erschwert die Materialversorgung.

3.1.2 Fertigungsinseln

Die Nachteile der Fließfertigung (siehe unten) führten dazu, dass ausgehend aus Japan auch in Europa ab den 90er Jahren des letzten Jahrhunderts die großen Automobilhersteller zur Fertigung in Form von Fertigungsinseln übergingen. Dabei entspricht es dem Prinzip der Fließfertigung. Nur sind die Mitarbeiter hier nicht in Kette angeordnet und jeder Mitarbeiter nur für einen bestimmten Arbeitsschritt zuständig. Vielmehr übernehmen diese Teams eine bestimmte Anzahl von Arbeitsschritten und erledigen diese zusammen abwechselnd.

→ autonome Arbeitsgruppen

3.1.3 Fließfertigung

Die Fließfertigung ist eine der wirtschaftlich wichtigsten Errungenschaften des 19. Jahrhunderts. Die Arbeit erfolgt in festen Fertigungsschritten, die zeitlich fest getaktet am Fließband in Kette durch einzelne Mitarbeiter erfolgen. Zwar wird hier gerne Henry Ford als Erfinder genannt, der dieses Prinzip für sein Modell T anwandte und dabei die Produktionskosten enorm senken konnte. Als Vorbild galten ihm aber wohl die riesigen Schlachthöfe Chicagos, in denen die Rinderherden des amerikanischen Mittleren Westens verarbeitet wurden, bevor sie an die Kunden an der Ostküste der USA verkauft wurden. Zu den **Vorteilen** zählen:

- Senkung der Durchlaufzeiten

- Verzicht auf Zwischenlager

- Senkung der Kosten

- Erhöhung der Produktivität

Dem stehen wesentliche **Nachteile** gegenüber:

- monotone Arbeit führt zur Demotivation (so musste Henry Ford aufgrund der hohen Fluktuation der Mitarbeiter wesentlich höhere Löhne zahlen, als in der Branche bis dahin in der Werkstattfertigung möglich und nötig war)

- enorme Kosten bei Ausfall einer Kette im Glied

- hoher Organisationsaufwand

- Standardisierung der Produktion notwendig (Modell T)

So wurde das Verfahren noch nach dem 2. Weltkrieg bei uns als »amerikanisches Fertigungsverfahren« bezeichnet. Zur Veranschaulichung der enormen Leistung dieses Verfahren dient der 2. Weltkrieg. Die Amerikaner produzierten wesentlich mehr Flugzeuge, Panzer, Schiffe etc., was letztlich den Krieg maßgeblich entschieden hat.

3.2 Transportsysteme

3.2.1 Intern

Ziele und Zielkonflikte des internen Materialflusses

Zu den **Zielen** des internen Materialflusses zählen:

- Minimierung der Durchlaufzeiten

- Minimierung der Kosten

- möglichst hohe Qualität (Vermeidung von Schäden)

Leider entstehen auch hier **Zielkonflikte**. Je stärker bspw. die Durchlaufzeiten reduziert werden, umso größer wird die Gefahr unsachgemäßer Handhabung der Materialien und Güter.

Die Art des internen Transports hängt von folgenden **Faktoren** ab:

- Fertigungsprinzip (bspw. Fließfertigung erfordert Stetigförderer)

- Art und Menge des Materials

- Distanz des zu transportierenden Materials

Formen des internen Materialtransports

- **Stetigförderer**: Das typische *Fließband* zählt hier- F 2015 II: A7b, 6 Pt.
  zu (oder auch Rollbänder, Rohrleitungen/Pipelines). Zu den **Vorteilen** zählen Zuverlässigkeit, geringe Transportkosten und feste Taktzeiten. **Nachteile**: hohe Investitionskosten, geringe Flexibilität, Platzbedarf.

- **Unstetigförderer**: Diese sind nicht ortsgebunden und fixiert, sondern können flexibel eingesetzt werden – bspw. *Gabelstapler*, Kräne, Hubwagen, LKW. **Vorteile**: günstig und flexibel, geeignet für die Werkstattfertigung. **Nachteile**: geringere Förderkapazität, ungeeignet für Fließfertigung.

3.2.2 Extern

Auswahlkriterien

Zu den Auswahlkriterien zählen:

- Zuverlässigkeit und Termintreue (insbesondere bei Just-in-time-Fertigung); Zeit

- Kosten des Transports (Fixkosten und variable Kostenbestandteile)

- Flexibilität

- Sicherheit/Umweltschutzvorschriften bzw. freiwillige Standards

Externe Transportwege

Zu den externen Transportwegen zählen in Abhängigkeit von der Art der Ware etc.:

H 2009 II: A9a-c, 8 Pt.
H 2010 II: A8, 8 Pt.

Straßengütertransport	
Vorteile	**Nachteile**
• flexibel • nahezu flächendeckend • von Haus-zu-Haus möglich • geringe Kosten aufgrund des hohen Wettbewerbs • gut für kurze/mittlere Strecken	• Zeit: Gefahr aufgrund von Staus und Witterung • Fahrverbote an Sonn- und Feiertagen • Lenk-/Ruhezeiten • Umweltaspekte

Seeverkehr – (Binnen-/Hochsee-) Schifffahrt	
Vorteile	**Nachteile**
• niedrigste Kosten • hohe Kapazität • umweltfreundlich/sicher • gut geeignet für Container oder Schüttgüter	• langsam • Gefahr von Transportschäden: Witterung, Piraterie (Golf von Aden) • Häfen erforderlich

3

Schienenverkehr	
Vorteile	**Nachteile**

• gut für große/sperrige Güter
• kostengünstig bei Massen-
  gütern
• viele Möglichkeiten
• Pünktlichkeit (keine Staus)
• Sicherheit/Umwelt
	• geringe Flexibilität
	• wenig Wettbewerb – Abhän-
	  gigkeit von der Bahn
	• Bindung ans Schienennetz
	• international verschiedene
	  Systeme (bspw. Spurbreite)

Luftfrachttransport	
Vorteile	**Nachteile**
• schnell • zuverlässig und sicher • weite Distanzen	• teuer • begrenzte Mengen/Volumina • Umladung ist aufwendiger • Umwelt (Kerosinverbrauch) • Flughäfen erforderlich

3.3 Verpackung

Funktionen

Zu den wesentlichen Funktionen der Verpackung zählen:

- **Schutzfunktion**: Schutz des Gutes vor Umwelteinflüssen.

- **Verkaufsfunktion**: Zur Steigerung des Absatzes müssen Güter ansprechend verpackt sein.

- **Informationsfunktion**: Verpackungen müssen derart gestaltet sein, dass sie Informationen über die Art und Menge des Inhalts sowie sonstige wichtige Informationen anzeigen (bspw. Lithium-Ionen-Batterien beinhaltend). Teilweise spielen gesetzliche Vorgaben eine Rolle: Inhaltsstoffe und Mindesthaltbarkeitsdatum bei Lebensmitteln. Zudem ist zumeist ein maschinenlesbarer Code für die weitere EDV-gestützte Logistik anzubringen.

- **Transportfunktion**: Alleine schon durch die Art der Verpackung (Form, Material, Gewicht, Griffe etc.) kann der Transport der Güter vereinfacht werden.

- Verwendungsfunktion

Arten

Es lassen sich verschieden Formen von Verpackun- F 2011 II: A6, 4 Pt.
gen unterscheiden:

- **Verkaufsverpackungen**: Hier steht neben dem Schutz und der Information die Verkaufsfunktion im Vordergrund. Der Kunde soll zum Kauf animiert werden (Verpackung für 1 l Milch).

- **Umverpackungen**: Dies sind zusätzliche Verpackungen, die dem Schutz und dem Transport diesen, aber nicht für den Endverbraucher gedacht sind (bspw. Karton für 12 Einzelverpackungen Milch).

- **Transportverpackungen**: Sie dienen dem leichteren Transport (bspw. Palette mit vielen Kartons je 12 Einzelverpackungen). Für bestimmte Transportverpackungen (bspw. Europaletten) besteht eine Rücknahmeverpflichtung durch den Versender.

- **Einwegverpackungen**: Sie werden nicht zum Lieferanten zurückgesandt, haben daher den Nachteil der hohen Umweltbelastung.

- **Mehrwegverpackungen**: Aus ökologischen Gründen empfehlen sich Mehrwegverpackungen, die mehrfach genutzt werden und damit die natürlichen Ressourcen schonen, indem weniger Rohstoffe vergeudet werden und indem die Müllhalden nicht überflüssig wachsen.

Primär sekundär Tertiärverpackung

3.4 Warenausgang

Der Warenausgang (= Distributionslogistik) beschreibt den Weg der Ware vom Unternehmen zum Abnehmer. Es werden dabei insbesondere die beiden folgenden Formen unterschieden:

- **einstufige Distribution**: Hier liefert der Hersteller direkt an den Kunden ohne Zwischenlager. Dieser Begriff sollte nicht mit direkten Absatzwegen verwechselt werden. Diese stehen für einen direkten Werksverkauf ohne zwischengeschalteten Handel.

- **mehrstufige Distribution**: Hier liefert der Hersteller über verschiedene Zwischenlager an den Kunden aus. Auch dieser Begriff sollte nicht mit indirekten Absatzwegen verwechselt werden, die für eine Einschaltung des Handels als Zwischenstufe stehen. Es können dabei die folgenden Lager unterschieden werden: (1) Werkslager, (2) Zentrallager und (3) Regionallager

3.5 Verladung & Versand

Träger und Verantwortlichkeiten

Zunächst müssen einige wichtige Begriffe definiert werden und dabei jeweils die Verantwortlichkeiten für die Versendung geklärt werden. Wer ist wofür verantwortlich?

H 2010 II: **A10b**, 2 Pt.
F 2011 II: **A5**, 7 Pt.
H 2011 II: **A7a-c**, 8 Pt.
H 2013 II: **A7a-b**, 5 Pt.
H 2014 II: **A5a-b**, 6 Pt.
H 2015 II: **A7a-c**, 8 Pt.
H 2017 II: **A8a-d**, 7 Pt.

- **Versender**: Er ist der Auftraggeber des Speditionsvertrags und dürfte im Normalfall dem Absender entsprechen.

- **Absender**: Er ist der Auftraggeber der Versendung, der Lieferant. Dieser ist laut § 411/412 HGB verantwortlich für:

  - ◆ ordnungsgemäße Verpackung und Kennzeichnung

  - ◆ korrekte Beladung und Entladung beim Empfänger

→ Spedit. kann Absender sein, wenn er Auftrag an Frachtführer erteilt

3

- korrekte Ausstellung des Frachtbriefs (er ist im internationalen Güterkraftverkehr vorgeschrieben) – für fehlerhafte Angaben auf dem Frachtbrief haftet der Absender

- **Verlader:** Er ist der Erfüllungsgehilfe des Absenders. Es handelt sich um die im Unternehmen des Absenders mit der Verladung der Güter verantwortlichen Mitarbeiter.

- **Frachtenvermittler:** Er vermittelt nur gegen Provision einen Vertrag zwischen Absender und Frachtführer. Er ist somit nicht Teil des Frachtvertrags.

- **Spediteur:** Der vom Absender mit der Beförderung der Güter beauftrage Unternehmer. Er kann gleichzeitig Frachtführer sein, muss es aber nicht.

- **Frachtführer:** Der Frachtführer ist der vom Absender oder Spediteur gegen Entgelt Beauftragte für den Versand der Güter gemäß Frachtbrief (auch wenn dieser fehlerhaft ist).

- **Fahrzeugführer:** Er ist der Erfüllungsgehilfe des Frachtführers und von diesem als Mitarbeiter zum Transport mit dem Fahrzeug (bspw. LKW) beauftragt.

- **Werkverkehr:** Es handelt sich um einen unternehmensinternen Transport von Gütern mit eigenem Personal zu eigenen Zwecken.

Ablieferungshindernisse

- Der Frachtführer ist verpflichtet, bei Abliefe- H 2016 II: A5a, 6 Pt. rungshindernissen den Absender unverzüglich zu informieren und entsprechende Weisungen einzuholen (§ 419 (1) HGB). Versäumt er dies, ist er für die entstehenden Kosten selbst verantwortlich.

- Für eine den Umständen des Falles entsprechende Lade- oder Entladezeit kann der Frachtführer keine besondere Vergütung verlangen (§ 412 (2) HGB).

- Sofern der Frachtführer unverschuldet länger als die entsprechende Lade- oder Entladezeit warten muss, hat er Anspruch auf eine angemessene Vergütung (= **Standgeld**; § 412 (3) HGB).

3

Ladungssicherung

- Für die **Ladungssicherung** sind nach § 412 HGB der Absender und der Frachtführer gemeinsam verantwortlich. Der Absender trägt dabei die Verantwortung für die beförderungssichere Verladung, der Frachtführer für den sicheren Transport mit Hilfe eines angemessen ausgestatteten Fahrzeugs (bspw. mit Gurten oder rutschsicheren

H 2010 II: A10a, 4 Pt.
H 2011 II: A7d, 3 Pt.
F 2012 II: A9a-c, 8 Pt.
H 2013 II: A7c, 2 Pt.
H 2015 II: A7d, 3 Pt.
F 2016 II: A6b, 4 Pt.
H 2017 II: A8e, 3 Pt.

  Matten) und mit einem ordnungsgemäß ausgebildeten Fahrer. Der Fahrzeugführer trägt die Verantwortung für die betriebssichere Verladung, sofern er ordnungsgemäß ausgebildet ist und das Fahrzeug angemessen ausgestattet ist.

- Unter **formschlüssiger Ladungssicherung** wird die gleichmäßige Befüllung des Frachtraums bezeichnet, wodurch ein Verrutschen der Ware verhindert werden soll.

- Die Sicherung gemäß VDI-Richtlinie 2700 muss wie folgt ermittelt werden (Fallbeispiel: Gewicht inkl. Palette = 500 kg): (1) nach unten: $\mu = 1{,}0 \times 500$ kg = 500 kg, (2) nach vorne: $\mu = 0{,}8 \times 500$ kg = 400 kg, (3) nach hinten: $\mu = 0{,}5 \times 500$ kg = 250 kg, (4) zur Seite jeweils: $\mu = 0{,}5 \times 500$ kg = 250 kg, (5) zur Seite jeweils bei Kippgefahr: $\mu = 0{,}7 \times 500$ kg = 350 kg

3.6 Entsorgung

3.6.1 Objekte der Entsorgungslogistik

Zu den Objekten der Entsorgungslogistik (= **Redistributionspolitik**) bzw. Abfällen zählen:

F 2010 II: A5b-c, 9 Pt.
F 2013 II: A9a, 4 Pt.

- **Materialabfall**: Verschnitt, Muster oder Proben

- **Fertigungsausschuss**: Fehlproduktion, Qualitätsmängel

- **nicht-absetzbare Fertigerzeugnisse**: Nachfragemangel aufgrund von technischer Überholung bzw. Trendwechsel

- **Packmittel**: Verpackungsmaterial im Materialeingang und Rücklauf des Verpackungsmaterials von Kunden

- Abfälle aus der Nutzung anderer Güter (bspw. Maschinen): Altöl, vollständig abgenutzte Maschinen und Fahrzeuge

Ziele nach § 6 des Kreislaufwirtschaftsgesetzes (KrWG)

Primäres Ziel des Kreislaufwirtschaftsgesetzes (KrWG) ist die Minimierung des Ressourcenein-satzes je Produktionseinheit. Es gilt dabei folgende

F 2009 II: A6a-b, 10 Pt.
F 2010 II: A5a, 2 Pt.
F 2013 II: A9b, 3 Pt.

Zielhierarchie im KrWG. Dabei sind die zuerst genannten Ziele der Abfallbewirtschaftung den darunter liegenden Zielen vorzuziehen (Erläuterungen im Anschluss):

1. Abfallvermeidung (inkl. Verminderung)

2. Vorbereitung der Wiederverwendung (Abfallbehandlung)

3. Recycling und sonstige Verwertung (Abfallbehandlung)

4. Abfallbeseitigung

Neben der Vorgabe der Gesetze gibt es weitere Gründe für Unternehmen zum Schutz der Umwelt beizutragen:

- zunächst geht es vor allem um das Image des Unternehmens

- ein positives Image erhöht die Absatzchancen

- weniger Ressourcen zu vergeuden reduziert die Kosten

3.6.2 Abfallvermeidung

Zur Vermeidung des Anfalls von Abfall gibt es viele Ansatzpunkte, hierzu zählen bspw.:

- Mehrwegverpackung

- Produktdesign, -konstruktion zur Einsparung von Material

3.6.3 Abfallbehandlung

Im Rahmen der Abfallbehandlung bzw. des Recyclings werden die folgenden Formen unterschieden:

- **Wiederverwendung**: Die Ressourcen werden aufbereitet und für den ursprünglichen Zweck genutzt. Bsp.: Recycling von Flaschen, die wieder als Flaschen genutzt werden, indem sie gereinigt werden.

- **Wiederverwertung**: Die Ressourcen werden verarbeitet und für den ursprünglichen Zweck genutzt. Bsp.: Recycling von Flaschen, die wieder als Flaschen genutzt werden, indem sie eingeschmolzen und zu neuen Flaschen transformiert werden.

- **Weiterverwendung**: Die Ressourcen werden für einen anderen Zweck aufbereitet. Bsp.: Essiggurkengläser werden gereinigt und für andere Produkte verwendet.

- **Weiterverwertung**: Die Ressourcen werden für einen anderen Zweck verarbeitet. Bsp.: Essiggurkengläser werden eingeschmolzen und zu anderen Produkten transformiert (Fensterglas).

3.6.4 Abfallbeseitigung

Für die Abfallbeseitigung stehen ebenfalls verschiedene Möglichkeiten zur Verfügung:

- Ablagerung auf Mülldeponien

- Verbrennung von Müll zur Energiegewinnung

- Emission von Stoffen in die Luft bzw. Gewässer (unerwünscht).

Der Grundgedanke der **Zielhierarchie** im Kreislaufgesetz setzt die Abfallbehandlung über die Abfallbeseitigung. Daher sollte eine ordentliche Sammlung und Trennung des Abfalls erfolgen – in solchen, der genutzt werden kann und den Rest, der dann beseitigt werden muss.

4 Aspekte der Rationalisierung

4.1 Optimierung des Produkt-Portfolios

Ziel der Rationalisierung im Bereich der Logistik, der Materialwirtschaft und der Lagerhaltung ist, wie in anderen Bereichen auch die Kosten zu senken. Da es sich hierbei zumeist um Gemeinkosten handelt, ist eine angemessene Zuordnung einzelner Kostenbestandteile auf die einzelnen Artikel teilweise schwierig. Als Alternative bietet sich die **Prozesskostenrechnung** an. Für diese sei auf das Fachbuch »F.I.T. zur IHK-Prüfung in Finanzierung, Investition, Kostenrechnung & Controlling« der gleichen Reihe verwiesen.

Rationalisierung mit Hilfe der Portfolioanalyse

Zunächst betrachten wir verschiedene Aspekte, die   F 2016 II: A8a-b, 16 Pt. sich negativ auf die **Versorgungssicherheit** mit den Materialien im Einkauf auswirken:

- lange und gefährliche Transportwege (bspw. Horn von Afrika)

- wenige Ausweichmöglichkeiten auf andere, ähnliche Produkte

- Marktmacht bei den Lieferanten (bspw. China bei »seltenen Erden«)

- Preisschwankungen auf den Weltmärkten

- Abhängigkeit von einem oder wenigen Lieferanten

- Ausfall von Lieferanten bspw. aufgrund von Konkurs

- Beschaffung aus Ländern mit Risiken: Währungsschwankungen, politische Risiken, Naturkatastrophen

Die Faktoren spielen bisweilen zusammmen: Als in Japan im Frühjahr 2016 ein Erdbeben zum Ausfall einer Sony-Fabrik zur Produktion von Fotochips führte, hatten mehrere Kamera-Hersteller Produktionsschwierigkeiten.

Zur Analyse der Rationalisierungspotenziale bietet sich eine eigens zu diesem Zweck angepasste 4-**Felder-Portfolioanalyse**. Hierzu wird auf der Längsachse nach dem **Einkaufsvolumen** zwischen A- und C-Gütern unterschieden (auf die mittleren B-Güter wird verzichtet). Auf der Hochachse werden Güter nach dem **Versorgungsrisiko** unterschieden, d. h. ob ihre Beschaffung frei von Risiken oder risikobehaftet ist. Daraus ergibt sich dann die folgende Matrix:

Welche Strategien bieten sich in den 4 Feldern an:

❶ **Hebelprodukte**: Diese Artikel sind mit ihrem hohen Einkaufsvolumen wichtig, haben aber ein nur geringes Risiko bei der Beschaffung:

- Daher kann hier der Einkauf harte Preisverhandlungen führen und einen entsprechenden Hebel zur Senkung der Kosten ansetzen.

- Es sollten kurz-/mittelfristige Verträge mit möglichst guten Konditionen ausgehandelt werden.

- Dabei sollte auf man auf mehrere Lieferanten setzen.

❷ **unkritische Produkte**: Diese Artikel haben zwar ebenfalls ein geringes Risiko, sind aber aufgrund ihrer geringen Einkaufsvolumens nebensächlich. Daher besteht hier kein großes Kostensenkungspotenzial:

- Vereinfachung der Abläufe um Kosten relativ niedrig zu halten.

- möglichst nur 2 Lieferanten

- Bestellrhythmusverfahren

❸ **Schlüsselprodukte**: Dies sind die eigentlich entscheidenden Produkte. Sie sind einerseits aufgrund ihres hohen Einkaufsvolumens wichtig und zudem noch mit einem hohen Versorgungsrisiko behaftet. Hierauf muss also unsere Aufmerksamkeit gelenkt werden:

- langfristige und enge Zusammenarbeit mit den Lieferanten

- Suche nach neuen Bezugsquellen (aus anderen Ländern)

- Substitutionsmöglichkeiten ausloten

- Prüfung ob Eigenfertigung möglich ist (nicht bei Rohstoffen)

❹ **Engpassprodukte**: Zwar haben diese Artikel kein hohes Einkaufsvolumen, sind aber doch mit einem hohen Versorgungsrisiko verbunden und können daher kritisch werden:

- langfristige und enge Zusammenarbeit mit den Lieferanten

- Substitutionsmöglichkeiten ausloten (bspw. bei »seltenen Erden«)

- für ausreichende Sicherheitsbestände sorgen

4.2 Weltweiter Einkauf

Die Entscheidung für den weltweiten Bezug (**Global Sourcing**) ermöglicht die Ausnutzung der günstigsten Preise, der besten Qualität oder des besten Services usw. Allerdings steigen auch die Risiken durch bspw. Transport, politische Entwicklungen, Wechselkurse etc. (vgl. Kapitel 1.2.2).

4

4.3 Prozesse auf Verschwendung prüfen

Wertstromanalyse

Die Wertstromanalyse untersucht aller Prozesse im Rahmen des Materialflusses bzw. der logistischen Ketten hinsichtlich überflüssiger Tätigkeiten und Verschwendung. Ziele sind dabei die Reduzierung dieser, um a) die Durchlaufzeiten und b) die Bestände reduzieren zu können. Dabei werden wertschöpfende von nicht-wertschöpfenden Tätigkeiten unterschieden.

Zu den nicht-wertschöpfenden Tätigkeiten zählen:

- Verschwendung durch Ausschuss

- Verschwendung durch Überproduktion

- Verschwendung durch unnötige Transportabläufe

- Verschwendung durch überflüssige Lagerbestände

- Verschwendung durch mangelhafte Arbeitsplatzergonomie

- Verschwendung durch fehlerhafte Qualifizierung der Mitarbeiter.

Der Ursprung der Wertstromanalyse liegt beim großen japanischen Automobilhersteller Toyota, der auch maßgeblich zu den folgenden Konzepten beigetragen bzw. die betriebswirtschaftliche Welt um diese Erkenntnisse bereichert hat.

Lean Production/Lean Management

Zu den interessantesten betriebswirtschaftlichen In-   H 2017 II: A2b, 7 Pt.
novationen zählt das Lean Management. Der Ursprung liegt in der Erkenntnis amerikanischer Ökonomen, dass die US-Automobilwirtschaft in den 80er Jahren des letzten Jahrhunderts nicht mit den japanischen Konkurrenten mithalten kann. Daher wurden diese (insbesondere Toyota) näher untersucht. Die wesentlichen Unterschiede wurden im Konzept der **Lean Production** zusammengefasst. Der Grundgedanke liegt

im effizienten Einsatz der Produktionsfaktoren. Zu den wesentlichen Aspekten (bzw. damaligen Neuerungen) zählen:

- **Lieferantenorientierung**: enge Zusammenarbeit mit diesen, Outsourcing und damit geringe Fertigungstiefe.

- **Lieferantenpyramide**: konsequente Reduzierung der Anzahl der Lieferanten. Diese stellen nur die Spitze einer Pyramide von Lieferanten dar.

- **Lean Management**: Reduzierung der Hierarchiestufen im Unternehmen und damit flachere Hierarchien.

- **Kaizen: Kontinuierliche Verbesserungsprozesse (KVP)** in kleinen Schritten. Im Gegensatz zum US-amerikanischen »*Business Process Reengineering*«, das ein völliges Umkrempeln des Unternehmens vorsieht, sind hier andauernd kleine oder auch größere Verbesserungsschritte vorgesehen. Dazu zählt auch das **betriebliche Vorschlagswesen** sowie das **Total Quality Management**.

Kanban

Das Kanban (Mehrbehältersystem) ist ein Pull-Prinzip zur verbrauchgesteuerten Materialbeschaffung mit Hilfe von Bestandskarten in den Transportbehältern des Fertigungsmaterials. Sofern eine bestimmte Menge unterschritten wird, erfolgt eine automatische Meldung zur Auffüllung der Bestände beim Lieferanten – ursprünglich mit Karten, heute mit EDV-Systemen.

H 2009 II: A8c, 3 Pt.
H 2014 II: A6a-b, 9 Pt.

Zu den **Vorteilen** zählen:

- kurze Durchlaufzeiten des Materials

- nur kleine Puffer und damit geringe Kosten aufgrund von geringen Lagerbeständen

- geringe Kapitalbindung

- ungehemmter Materialfluss

- Versorgungssicherheit

4

Zu den **Nachteilen** zählen:

- aufwendige Einführung und Aufrechterhaltung des Systems
- Einbindung des Lieferanten in das System erforderlich
- Gefahr des Wissensflusses über Lieferanten an Konkurrenten
- Nähe des Lieferanten erforderlich

E-Business

Die Geschäftsprozesse zwischen Lieferanten, Hersteller und Abnehmer werden elektronisch vernetzt.

Vendor Management Inventory

Bei diesem **lieferantengesteuerten Bestandsmanagement** erhält der Lieferant die erforderlichen Daten seiner Abnehmer, um intern eine entsprechende optimierte Ausrichtung seiner Produktion und Lagerhaltung an den Kundenerfordernissen zu betreiben.

RFID

Hier werden funkbasierte Chips an den Artikeln angebracht bzw. integriert. Diese Radio Frequency IDentification-Chips senden über Funkwellen wichtige Informationen über ihren Standort etc. an entsprechende integrierte Warenwirtschaftssysteme.

FHS-Verlag.de
Fachbuchverlag Holger Stöhr

5 Spezielle Rechtsaspekte

5.1 Einkaufsverträge

Im letzten Kapitel werden wir uns noch kurz mit bestimmten rechtlichen Aspekten der Beschaffung und des Absatzes beschäftigen.

Rahmenverträge

Für gewöhnlich schließen große Unternehmen mit (wichtigen) Lieferanten grundlegende **Rahmenverträge** ab, in denen vielfältige gleichbleibende Regelungen (Preise, Konditionen sowie AGB) festgelegt werden. Die Details werden je nach Fall in speziellen Einzelverträgen konkretisiert.

Abrufverträge

Zunächst wird eine insgesamt zu liefernde Menge festgelegt, deren Abruf dann je nach Bedarf erfolgt. Somit können entsprechende Mengenrabatte durch große Einkaufsmengen ausgehandelt werden, ohne die Lagerkosten entsprechend zu erhöhen. Die Transportkosten lassen sich dadurch nicht reduzieren.

Sukzessivlieferungsvertrag

Vom Grundprinzip ähnlich wie Abrufverträge, bei dem allerdings schon von vornherein die Liefertermine festgelegt werden.

Spezifikationskaufvertrag

Hier werden zunächst nur die Preise, Konditionen, Mengen und Materialart festgelegt. Die Konkretisierung (Spezifikation) in Bezug auf Form, Farbe etc. erfolgt zu einem späteren Zeitpunkt.

5

Streckengeschäfte

In diesem Fall kauft ein Unternehmen A beim Lieferanten B ein und verkauft an einen Kunden C weiter, wobei die Ware direkt vom Lieferanten B zum Kunden C gesandt wird. Das beauftragende Unternehmen A erhält dabei die Ware gar nicht.

5.1.1 Bestellung

Im Rahmen der Bestellung von Gütern ist zu beden- F 2017 II: A8, 6 Pt.
ken, dass **offensichtliche Mängel** sofort beim Warenempfang gerügt werden müssen. **Versteckte Mängel** müssen hingegen erst innerhalb von 7 Tagen gerügt werden (vgl. § 438 HGB und Kapitel 2.1.2).

Incoterms

Zu den wichtigsten rechtlichen Regelungen bei Außenhandelsgeschäften zählen die Incoterms. Diese
International Commercial Terms konkretisieren
und vereinheitlichen bestimmte rechtliche Aspekte

| H 2011 II: A6a-c, 10 Pt. |
| F 2012 II: A5a-c, 10 Pt. |
| F 2013 II: A6, 6 Pt. |
| F 2016 II: A6a,c, 7 Pt. |

bei Außenhandelsgeschäften. Es werden die folgenden Aspekte geregelt:

- Wer übernimmt die Transportkosten?

- Wer trägt die Kosten der Transportversicherungen?

- Wer trägt das Risiko der Beschädigung/des Untergangs der Güter?

Zu den Incoterms zählen u. a. die folgenden Varianten:

- **EXW** (ex works, ab Werk): Der Käufer trägt die gesamten Transportkosten und übernimmt das Risiko ab Werk. Der Verkäufer hat nur einwandfrei zu übergeben.

- **FCA** (free carrier, frei Frachtführer): Der Käufer trägt die Kosten und übernimmt das Risiko ab der Übergabe an den Frachtführer an einem bestimmten Ort.

 FHS-Verlag.de
Fachbuchverlag Holger Stöhr

5

- **FAS** (free alongside ship, frei Längsseite des Schiffs): Der Käufer trägt die Kosten und übernimmt das Risiko ab der Übergabe an den Frachtführer im Hafen. Der Name resultiert aus der Tatsache, dass Frachtschiffe längsschiffs gelöscht (= entladen) werden.

- **FOB** (free on board, frei an Bord): Der Käufer trägt die Kosten und übernimmt Risiko nach der Verladung auf das Schiff, d. h. die Verladung der Ware (Kosten und Risiko) zählt noch zu den Aufgaben des Verkäufers.

- **CFR** (cost, freight, Kosten und Fracht): Der Verkäufer trägt das Risiko und zudem die Kosten bis zur Verschiffung und muss zusätzlich die Frachtkosten übernehmen.

- **CIF** (cost, insurance, freight, Kosten, Versicherung und Fracht): Der Verkäufer trägt das Risiko und die Kosten bis zur Verschiffung und muss zusätzlich die Frachtkosten sowie die Kosten der Transportversicherung übernehmen.

- **CPT** (carriage paid to..., frachtfrei bis ...): Der Verkäufer trägt das Risiko und die Kosten bis zur Übergabe an den Frachtführer. Zudem übernimmt er wie beim CFR die Frachtkosten. Diese ist jedoch auf den Seeverkehr beschränkt, während CPT allgemein (LKW, Bahn, Flugzeug) gilt.

- **CIP** (carriage, insurance paid to..., frachtfrei versichert bis ...): Der Verkäufer trägt das Risiko und die Kosten bis zur Übergabe an den Frachtführer. Zudem übernimmt er wie beim CIF die Frachtkosten und Transportversicherung. Diese ist jedoch auf den Seeverkehr beschränkt, während CIP allgemein (LKW, Bahn, Flugzeug) gilt.

5.1.2 Feinabruf

Zum Feinabruf vgl. Abrufverträge und Sukzessivlieferungsverträge weiter oben sowie Kapitel 1.3.5.

5

5.2 Verkaufsverträge

Ein Kaufvertrag kommt durch zwei übereinstimmende Willenserklärungen zustande. Dies erfolgt für gewöhnlich in zeitlicher Abfolge durch Angebot (bspw. Bestellung) und Annahme (bspw. Auftragsannahme) bzw. Gegenangebot und dessen Annahme. Es ergeben sich die folgenden Rechte und Pflichten für Käufer und Verkäufer:

- **Pflicht des Verkäufers** = Recht des Käufers: Übergabe der Sache und Übertragung der Eigentumsrechte. Die Sache muss dabei frei von Sach- oder Rechtsmängeln sein (§ 433 (1), BGB). Nach § 929 sind zur Eigentumsübertragung Einigung u. Übergabe erforderlich.

- **Pflicht des Käufers** = Recht des Verkäufers: Zahlung des vereinbarten Kaufpreises zum vereinbarten Termin/Zeitraum (§ 433 (2), BGB) und Abnahme der Ware.

- Eine Willenserklärung ist auch dann wirksam, wenn der Erklärende nach der Abgabe stirbt oder geschäftsunfähig wird (§ 130 (2) BGB).

Werkvertrag § 631 ff. BGB	
Ziel: entgeltliche Lieferung eines Werkes (bspw. Skriptautor)	
Auftragnehmer	**Auftraggeber**
• Lieferung der versprochenen Leistung (mit Erfolgsgarantie)	• Abnahme des Werkes und Bezahlung

5.3 Zollrecht bei Im- und Export

Das Zollrecht war bisher bei Prüfungen noch nicht von Bedeutung, da es auch leicht den Rahmen des Fachs sprengt.

5.4 Abfallwirtschaft

vgl. zum **Kreislaufwirtschaftsgesetzes** (KrWG) Kapitel 3.6.

Anhang A: Fragen/Aufgaben zur Prüfungssimulation

A

Prüfungssimulation 1 (insgesamt 40 Punkte)

1. Im Laufe der vergangenen Monate wurden bei der *FS Druck AG* mehrfach Probleme bei der Beschaffung und der Verfügbarkeit der Materialien festgestellt. Insbesondere die Druckfarben bereiteten dabei größere Sorgen. **(Σ = 10 Punkte)**

   a) Beschreiben Sie die einzelnen Schritte eines idealtypischen Ablaufs des Beschaffungsprozesses in einem Unternehmen. **(4 Pt.)**

   b) Erläutern Sie zwei grundlegende Beschaffungsstrategien für unser Unternehmen. Gehen Sie dabei jeweils konkret auf eine zu beschaffende Materialart ein. **(4 Pt.)**

   c) Unterscheiden Sie zwischen »Just-in-time-Fertigung« und »Just-in-sequence-Fertigung«. **(2 Pt.)**

2. Die Geschäftsführung der *FS Druck AG* zeigt sich aufgeschlossen gegenüber Neuerungen. In diesem Zusammenhang wird auch über das Kanban-System diskutiert. **(Σ = 6 Punkte)**

   a) Erläutern Sie kurz das Kanban-System. **(2 Pt.)**

   b) Nennen Sie jeweils zwei Vor- und Nachteile des Systems. **(4 Pt.)**

3. Die *FS Druck AG* beauftragt, wie häufig zuvor, die Spedition SchNELLer GmbH mit dem Versand einer großen Menge Drucksachen zur Yep GmbH. Der Versand erfolgt auf 6 großen Paletten, die aber irrtümlich mit einem falsch ausgestellten Frachtbrief an den Fahrer der SchNELLer GmbH übergeben wird. Als Lieferort wird fälschlicherweise eine 55 km von der Zentrale der Yep GmbH entfernte Zweigniederlassung genannt. Der Fahrer liefert entsprechend an die falsche Adresse. **(Σ = 4 Punkte)**

   a) Erläutern Sie, wer nun die Verantwortung für den falsch ausgestellten Frachtbrief trägt. **(2 Pt.)**

b) Erläutern Sie, an welche Adresse der Frachtführer die Ware zu liefern hat. **(2 Pt.)**

Hinweis: Eine Nennung der Paragrafen ist nicht erforderlich.

4. Die *FS Druck AG* ist eine mittelständische Druckerei mit Sitz in der oberschwäbischen Stadt Ravensburg. Das dynamisch wachsende Unternehmen ist seit kurzer Zeit bestrebt, die logistischen Prozesse zu optimieren. Zu diesem Zweck werden alle bestehenden Prozesse einer Prüfung unterzogen. **(Σ = 8 Punkte)**

a) Beschreiben Sie drei Funktionsbereiche der Logistik. **(3 Pt.)**

b) Nennen Sie drei internationale Trends der Logistik. **(3 Pt.)**

c) Erläutern Sie den Begriff Outsourcing. **(2 Pt.)**

5. Für den Papiertypus XR25P möchte die *FS Druck AG* die optimale Bestellmenge ermitteln. **(Σ = 12 Punkte)**

a) Erläutern Sie die grundsätzliche Zielsetzung bei der Ermittlung der optimalen Bestellmenge. **(3 Pt.)**

b) Ermitteln Sie die optimale Bestellmenge sowie die Anzahl der dann notwendigen jährlichen Bestellungen: **(3 Pt.)**

- Jahresbedarf = 750 Paletten
- Bezugspreis pro Stück = 300 €/St.
- Bestellkosten je Bestellvorgang = 27 €
- Lagerhaltungskostensatz = 15 %

c) Berechnen Sie das Kosteneinsparpotenzial bei Nutzung der optimalen Bestellmengen verglichen mit der bisherigen Situation, in der alle 2 Monate bestellt wird. **(6 Pt.)**

Prüfungssimulation 2　　　　　　　　　　(insgesamt 40 Punkte)

A

1. Zwar lag der Schwerpunkt der *FS Druck AG* bisher sowohl in der Beschaffung als auch im Absatz im Inland. Längerfristig soll beides auch international erfolgen. Sie werden als Controller beauftragt, eine Analyse der Incoterms vorzunehmen.　　**(Σ = 10 Punkte)**

   a) Erläutern Sie zwei grundlegende Aspekte bei der Frage nach der Auswahl verschiedener Incoterms.　　**(2 Pt.)**

   b) Erläutern Sie drei verschiedene Incoterms, die sich auf den internationalen Schiffsverkehr beziehen.　　**(6 Pt.)**

   c) Die *FS Druck AG* druckt Schulbücher für das Sultanat Oman. Schildern Sie den Transportweg von Ravensburg nach Oman und die dabei verwendeten Transportmittel.　　**(2 Pt.)**

2. Die Materialbeschaffung der *FS Druck AG* konzentrierte sich bisher je nach Material auf einen oder zwei regionale Lieferanten. Zudem lässt das Unternehmen bisher die Buchbindung durch einen externen Dienstleister durchführen.　　**(Σ = 12 Punkte)**

   a) Erläutern Sie jeweils zwei Vor- und zwei Nachteile der Konzentration auf einen Lieferanten. Nennen Sie den diesbezüglichen Fachbegriff für diese Strategie.　　**(4 Pt.)**

   b) Erläutern Sie jeweils zwei mögliche Vor- und Nachteile der Fremdvergabe der Buchbindung.　　**(4 Pt.)**

   c) Nennen und erläutern Sie zwei weitere mögliche Sourcingstrategien für unser Unternehmen.　　**(4 Pt.)**

3. Für den derzeitigen unzuverlässigen Hauptlieferanten der *FS Druck AG* im Bereich der Druckmaterialien wird eine langfristige Alternative gesucht. Die Geschäftsleitung beauftragt Sie, anhand einer Nutzwertanalyse eine Entscheidung vorzubereiten. Zu Auswahl stehen drei Lieferanten, die anhand der Kriterien der folgenden Tabelle beurteilt werden sollen.　　**(Σ = 10 Punkte)**

   Für die Gewichtung der Kriterien gelten folgende Regeln:

A

- Die Qualität und der Service zählen jeweils doppelt so stark wie die Flexibilität.

- Zusammen gehen der Service und die Flexibilität mit 36 % Prozent in die Wertung ein.

- Der Preis steht zu den Kontrollkosten im Verhältnis 3 : 1.

a) Ermitteln Sie anhand einer Nutzwertanalyse für welchen Lieferanten sich die *FS Druck AG* entscheiden sollte. Dabei sind die Punkte in der Tabelle schon vorgegeben. Verwenden Sie hierfür die Tabelle auf der nächsten Seite.   **(6 Pt.)**

b) Berechnen Sie, inwiefern die beiden folgenden Vorgaben des Einkaufsleiters erfüllt werden: **(4 Pt.)**

   - Der Bestplatzierte sollte mindestens 10 Prozent besser als der Zweitplatzierte sein.

   - Es wird ein Ergebnis von mindestens 65 Prozent der möglichen Punkte erwartet.

Nutzwertanalyse		Lieferant N		Lieferant M		Lieferant O	
Kriterium	Gew.	Note	Wert	Note	Wert	Note	Wert
Preis		9		5		7	
Kontrollkosten		3		8		6	
Qualität		3		10		7	
Service		5		8		6	
Flexibilität		8		2		5	
Gesamtnote							

4. Für die Erstellung eines komplexen Endprodukts (E1) im Bereich der werbewirksamen Stellwände benötigt die *FS Druck AG* insgesamt 3 Baugruppen (BG 1 bis BG 3) sowie die 4 Teile (T1-T4). Es liegen zudem die Angaben unten vor.   **(Σ = 8 Punkte)**

a) Erstellen Sie eine Mengenstückliste für die Teile 1 bis 4.   **(2 Pt.)**

b) Ermitteln Sie sowohl den Bruttobedarf als auch den Nettobedarf der Teile T1 bis T4 bei einem Bruttobedarf von 100 Stück des Endprodukts E1.   **(6 Pt.)**

Bezeichnung	Lagerbestände	Mindestbestand	Reservierung
E 1	0	–	–
BG 1	50	–	–
BG 2	0	–	–
BG 3	50	10	15
T 1	500	150	–
T 2	500	150	50
T 3	1.000	300	150
T 4	1.000	300	50

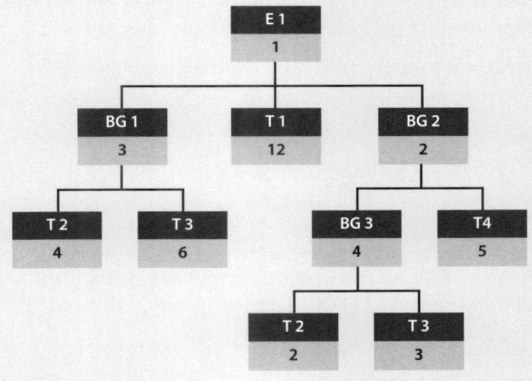

B

Anhang B: Lösungen zu den Aufgaben

Prüfungssimulation 1   (insgesamt 40 Punkte)

1. RSP 7.1.3.1 (Kap.1.3.1)   **(10 Punkte)**

   a) Ein idealtypischer Ablauf des Beschaffungsprozesse könnte wie folgt aussehen:

   - Beschaffungsstrategien unterscheiden und auswählen (bspw. Eigenfertigung vs. Fremdbezug)
   - Bedarfsmengen berechnen: Welche Materialien und welche Mengen werden davon jeweils benötigt?
   - Liefermengen ermitteln: Welche Liefermengen sind zu wählen?
   - Lieferzeitpunkte festlegen: Zu welchen Zeitpunkten, Zeitintervallen sollen die Liefermengen angeliefert werden.

   Tipp:

   Grundsätzlich gilt, dass auch andere sinnvolle Lösungen gelten. Dies steht sogar häufig explizit in den Lösungshinweisen von IHK-Prüfungen.

   b) 3 mögliche Beschaffungsstrategien:

   - Einzelbeschaffung: Diese Form ist insbesondere bei der Einzelfertigung Standard. In unserem Fall bei seltenen oder einmaligen Spezialdrucken bei Sondermaterialien oder Sonderformaten. Hier ergibt Vorratshaltung keinen Sinn.
   - Vorratsbeschaffung: Die resultierenden relativ großen Lagerbestände sind besonders bei stark schwankender Nachfrage sinnvoll. Dies wäre bspw. bei für Papier in häufiger benutzten Spezialformaten denkbar.
   - fertigungssynchrone Beschaffung: Ziel ist die Minimierung der Lagerbestände durch eine Angleichung der Liefermengen an die Verbrauchsmengen (Just-in-time-Lieferung). Dies ist insbesondere bei AX-Artikeln denkbar, die durch große Bedeutung (und damit hohen Lagerkosten) sowie guter Planbar-

            FHS-Verlag.de
                                             Fachbuchverlag Holger Stöhr

keit und geringen Verbrauchsschwankungen gekennzeichnet sind. Dies wäre bspw. bei Standardpapier in Standardformaten (DIN A4) oder Standardfarben denkbar.

Hinweis: Hier wird kein branchenspezifisches Wissen erwartet.

c) Bei beiden Varianten steht das Ziel der fertigungssynchronen Beschaffung im Vordergrund, um Lagerhaltungskosten zu senken. Bei beiden wird dabei das Material bedarfsgerecht angeliefert. Die »Just-in-sequence-Fertigung« ist dabei eine Weiterentwicklung der »Just-in-time-Fertigung«: Die Materialien werden nicht nur zeitgerecht, sondern auch noch zusätzlich in der richtigen Reihenfolge (Sequenz) geliefert.

2. RSP 7.4.3 (Kap. 4.3)   **(6 Punkte)**

a) Das Kanban (Mehrbehältersystem) ist ein Pull-Prinzip zur verbrauchgesteuerten Materialbeschaffung mit Hilfe von Bestandskarten in den Transportbehältern des Fertigungsmaterials. Sofern eine bestimmte Menge unterschritten wird, erfolgt eine automatische Meldung zur Auffüllung der Bestände beim Lieferanten – ursprünglich mit Karten, heute mit EDV-Systemen.

b) Zu den Vorteilen zählen: (1) kurze Durchlaufzeiten des Materials, (2) nur kleine Puffer und damit geringe Kosten aufgrund von geringen Lagerbeständen, (3) geringe Kapitalbindung, (4) ungehemmter Materialfluss. Nachteile: (1) aufwendige Einführung und Aufrechterhaltung des Systems, (2) Einbindung des Lieferanten in das System erforderlich, (3) Gefahr des Wissensflusses über Lieferanten an Konkurrenten

3. RSP 7.3.5 (Kap. 3.5)   **(4 Punkte)**

a) Für den Frachtbrief trägt die *FS Druck AG* als Absender die Verantwortung.

b) Die Angaben auf dem Frachtbrief sind für den Fahrzeugführer/ Frachtführer bindend. Somit musste der Fahrzeugführer die Ware, wie auf dem Frachtbrief vermerkt, an der Zweigniederlassung abliefern – sofern dies möglich ist.

B

4. RSP 7.1.1 (Kap. 1.1)   **(8 Punkte)**

a) Zu den Funktionsbereichen der Logistik zählen:

- Beschaffungslogistik: Hier geht es um den Fluss des Materials und der Waren vom Lieferanten hin zum Lager.

- Lagerlogistik: Sie beschäftigt sich mit dem Material- und Warenfluss innerhalb der Lager und zwischen den Lagern.

- Fertigungslogistik (Produktionslogistik): Das Material und die Waren müssen den einzelnen Produktionsschritten zugewiesen sowie zwischen diesen transportiert werden.

- Distributionslogistik (Absatzlogistik): Die Fertigprodukte müssen zum Kunden gebracht werden.

b) Trends der Logistik:

- Abbau der Grenzschranken, der Zölle und der nicht-tarifären Handelshemmnisse

- allgemein Wandel von Verkäufer- zu Käufermärkten

- Sättigungstendenzen bei bestimmten Märkten: Wechsel auch in aufstrebenden Volkswirtschaften zu Käufermärkten

c) Outsourcing steht ganz allgemein für die Auslagerung von Prozessen, Abteilungen oder Bereichen des Unternehmens an externe Unternehmen bzw. Dienstleister – sowohl national als auch international.

5. RSP 7.1.1 (Kap. 1.1)   **(12 Punkte)**

a) Es besteht ein grundsätzlicher Zielkonflikt zwischen Lagerhaltungskosten einerseits und Bestellkosten andererseits. Die Lagerhaltungskosten steigen mit steigender Bestellmenge, während die Bestellkosten entsprechend sinken. Das Ziel ist diejenige Menge zu ermitteln, bei der die gesamten Kosten minimal sind.

b) Mit Hilfe der Andler-Formel erhält man als optimale Bestellmenge 30 St. Somit müssen (750 St. ÷ 30 St./Bestellung =) 25 Bestellungen ausgelöst werden.

               FHS-Verlag.de
Fachbuchverlag Holger Stöhr

$$x_{opt} = \sqrt{\frac{2 \times 750 \text{ St.} \times 27\,€}{0,15 \times 300\,€ / \text{St.}}} = 30 \text{ St.}$$

B

c) Es ergibt sich ein Kostenvorteil von 2.187 €:

1. Fall: Optimale Bestellmenge je 30 St. = 25 Bestellungen:

$$\text{Lagerkosten} = \frac{30 \text{ St.}}{2} \times 0,15 \times 300\,€/\text{St.} = 675\,€$$

Bestellkosten = 25 Bestellungen × 27 €/Best. = 675 €

→ Gesamtkosten = Lagerkosten + Bestellkosten = 1.350 €

2. Fall: 2-monatliche Bestellung je 150 St. = 6 Bestellungen:

$$\text{Lagerkosten} = \frac{150 \text{ St.}}{2} \times 0,15 \times 300\,€/\text{St.} = 3.375\,€$$

Bestellkosten = 6 Bestellungen × 27 €/Best. = 162 €

→ Gesamtkosten = Lagerkosten + Bestellkosten = 3.537 €

B

Prüfungssimulation 2   (insgesamt 40 Punkte)

1. RSP 7.5.1 (Kap.5.1)   **(10 Punkte)**

   a) Ziel der verschiedenen Incoterms ist die Klärung folgender beider Aspekte: 1. Wer trägt die Transportkosten? 2. Wer ist verantwortlich für Schäden bzw. den Untergang der Waren?

   b) Zu diesen Incoterms zählen:

   - **FAS** (free alongside ship, frei Längsseite des Schiffs): Der Käufer trägt die Kosten und übernimmt das Risiko ab der Übergabe an den Frachtführer im Hafen. Der Name resultiert aus der Tatsache, dass Frachtschiffe im längsschiffs gelöscht (= entladen) werden.

   - **FOB** (free on board, frei an Bord): Der Käufer trägt die Kosten und übernimmt Risiko nach der Verladung auf das Schiff, d. h. die Verladung der Ware (Kosten und Risiko) zählt noch zu den Aufgaben des Verkäufers.

   - **CIF** (cost, insurance, freight, Kosten, Versicherung und Fracht): Der Verkäufer trägt das Risiko und die Kosten bis zur Verschiffung und muss zusätzlich die Frachtkosten sowie die Kosten der Transportversicherung übernehmen.

   c) Von Ravensburg nach Hamburg mit LKW und von dort mit Schiff nach Salalah/Oman.

   Tipp:

   Natürlich erwartet von Ihnen niemand (mit Verstand), dass Sie einen Atlas im Kopf gespeichert haben. Tatsächlich gab es mal eine ähnliche Aufgabe. Hier geht es nur um eine grundsätzliche Idee: zuerst Zug oder LKW, dann Schiff oder Flugzeug und danach evtl. wieder Zug oder LKW. Die genauen Orte sind nicht so entscheidend. Aber im Zweifelsfall ist der Binnenhafen Duisburg, der (Hochsee-) Hafen Hamburg und der Flughafen Frankfurt a. M. Im Ausland reichen im Zweifelsfall auch die Begriffe »Zielhafen« und »Zielort«.

    FHS-Verlag.de
Fachbuchverlag Holger Stöhr

B

2. RSP 7.1.2.2 (Kap.1.2.2)   **(12 Punkte)**

a) Single Sourcing: Vorteile: enge und partnerschaftliche Zusammenarbeit. Es dürften eher Preisnachlässe und Sonderkonditionen möglich sein. Der Lieferant dürfte flexibler und kurzfristiger auf unsere Wünsche eingehen. Zudem dürfte der Service besser sein. Nachteile: Abhängigkeit, bessere Preiskonditionen anderer Lieferanten können nicht genutzt werden.

b) Zu den Vor- und Nachteilen des Fremdbezugs siehe folgende Tabelle:

Vorteile	Nachteile
• ggf. mehr Know-how beim externen Buchbinder	• längerfristige Abhängigkeit vom Lieferanten
• keine zusätzlichen und zukünftigen Investitionen erforderlich	• Verlust von Wissen im Unternehmen
• geringere Fertigungstiefe, Konzentration auf Kernkompetenzen	• Weitergabe von spezifischem Wissen

c) Mögliche weitere Sourcingstrategien:

- National Sourcing, Global Sourcing: Da sich das Unternehmen bisher auf regionale Lieferanten konzentriert, könnte zukünftig auch eine nationale oder globale Beschaffung in Betracht gezogen werden.

- Collective Sourcing: Die *FS Druck AG* könnte auch Einkaufsgemeinschaften mit anderen Druckereien gründen, um so günstiger an Materialien zu kommen.

3. RSP 7.1.2.1 (Kap. 1.2.1)   **(10 Punkte)**

a) Die *FS Druck AG* sollte sich für den Lieferanten M entscheiden (vgl. Tabelle).

b) Nur die 2. Vorgabe wird erfüllt: 1. Der Gewinner ist um 6,85 % besser als der Zweitplatzierte. 2. Der Gewinner erhält 68,6 % der möglichen Punkte (> 65 %).

B

Nutzwertanalyse		Lieferant N		Lieferant M		Lieferant O	
Kriterium	Gew.	Note	Wert	Note	Wert	Note	Wert
Preis	0,30	9	2,70	5	1,50	7	2,10
Kontrollkosten	0,10	3	0,30	8	0,80	6	0,60
Qualität	0,24	3	0,72	10	2,40	7	1,68
Service	0,24	5	1,20	8	1,92	6	1,44
Flexibilität	0,12	8	0,96	2	0,24	5	0,60
Gesamtnote	1,00	28,00	5,88	33,00	6,86	31,00	6,42

4. RSP 7.1.3.2 (Kap. 1.3.2)   **(8 Punkte)**

a) siehe Tabelle

b) siehe Tabelle

Teile	a) Stückliste	b) Bruttobedarf	Lagerbestand	b) Nettobedarf
Nr.	für 1 St. E 1	für 100 St. E1	verfügbar	für 100 St. E1
T 1	12	1.200	350	850
T 2	28	2.800	550	2.250
T 3	42	4.200	925	3.275
T 4	10	1.000	650	350

             FHS-Verlag.de
Fachbuchverlag Holger Stöhr

Anhang C: Tipps zur Prüfung

Was sollte ich in der Prüfung beachten?

- Suchen Sie vor der Prüfung einen ruhigen Platz im Vorraum und versuchen Sie **innere Ruhe** zu finden. Lassen Sie sich nicht von den unruhigen Zeitgenossen nerven, die vor der Prüfung alle stressen.

- Gehen Sie **entspannt** und ruhig an den Ihnen zugewiesenen Platz.

- Zunächst sollten Sie die **gesamte Prüfung durchblättern**. Es kommt immer wieder vor, dass Prüflinge einzelne Aufgaben auf der letzten Seite nicht lösen, da sie diese übersehen haben – kein Scherz!

- Lösen Sie die Aufgaben eine nach der anderen. Die **Reihenfolge** hierfür ist jedoch egal.

- Alle Aufgaben sollten in den Lösungsblättern **zusammenhängend** gelöst werden.

- Sollten Sie nach der Bearbeitung weiterer Aufgaben noch etwas in eine zuvor gelöste Aufgabe einfügen wollen und es fehlt der nötige Platz, können Sie das natürlich weiter hinten einfügen. **Wichtig:** Sie müssen aber unbedingt in der vorderen Lösung einen Verweis auf die weitere Lösung mit deren Seitenzahl einfügen. Der Korrektor ist eher wohlwollend gestimmt. Sie sollten ihn aber nicht unnötig verärgern.

- Es sollte eigentlich klar sein, dass Sie sich keinen Gefallen tun, wenn Sie dem Korrektor die Arbeit durch **unlesbare oder schlecht strukturierte Lösungen** erschweren.

- Verwenden Sie für jede neue Aufgabe jeweils eine neue Seite.

- Sie müssen die Aufgabennummern auf das jeweilige Blatt schreiben.

- Für gewöhnlich besteht eine Prüfungsaufgabe aus **Teilaufgaben** (a, b, ...). Sie müssen Ihre Lösungen genau diesen Teilaufgaben zuordnen und nicht einfach Aufgabe 3 hinschreiben und alle Teillösungen ohne Teilnummerierung aneinanderreihen. Das wird leider zu häufig gemacht und kann zu Punktabzug führen.

C

10 Tipps zur Fehlervermeidung in Prüfungen

1. **Gehen Sie nur auf den gestellten Arbeitsauftrag ein.**

    Zusätzliches Wissen, das nicht zur Frage passt, interessiert nicht.

2. **Achten Sie auf die Signalworte des Arbeitsauftrags.**

    Die Fragestellung beinhaltet neben sachlichen Informationen auch Signalworte zur Bearbeitung:

    a) »*Nennen Sie ...*«, »*Zählen Sie folgende ... auf ...*« usw.: Sie müssen die Begriffe nur auflisten, ohne diese zu erläutern/beschreiben.

    b) »*Erläutern Sie ...*«, »*Beschreiben Sie ...*«, »*Erörtern Sie ...*« usw.: Hier müssen Sie eben in ganzen Sätzen erläutern, beschreiben usw.

    c) »*Ermitteln Sie ...*«, »*Berechnen Sie ...*« usw.: In diesen Fällen müssen Sie Ihr Wissen anwenden.

3. **Ihre Lösung sollte aus vollständigen Sätzen bestehen.**

    Sofern Ihre Arbeitsaufträge im »beschreiben«, »erläutern« usw. liegen, müssen Sie in ganzen Sätzen antworten.

4. **Beispiele sind keine Erläuterung.**

5. **Vergessen Sie den zweiten Arbeitsauftrag nicht.**

    Es kommt vor, dass in Aufgaben mehrere Teilaufgaben innerhalb eines Aufgabenteils zu lösen sind. Es erstaunt immer wieder, wie viele Prüfungsteilnehmer den zweiten Teil bei solchen Fragen vergessen.

6. **Achten Sie bei Fragen nach Vor- und Nachteilen darauf, auf wen sich diese beziehen sollen.**

7. **Sie müssen Abbildungen immer vollständig benennen/zeichnen.**

8. **Sie müssen korrekte Begriffe verwenden.**

    Häufig werden ähnlich klingende, aber falsche Begriffe verwendet.

9. **Geben Sie allgemein verständliche Lösungen.**

    Sie dürfen nicht davon ausgehen, dass der Korrektor ohnehin weiß, was gemeint ist, wenn Sie irgendwelche Stichworte geben.

10. **Nutzen Sie bekannte Lösungsschemen (bspw. Nutzwertanalyse).**

Stichwortverzeichnis

FHS-Verlag.de
Fachbuchverlag Holger Stöhr

U

V

W

X

Z

Zu den Fachbüchern des FHS-Verlags

Das Verlagsprogramm bietet u. a. die folgenden Fachbücher:
(Autor ist jeweils Dr. Holger Stöhr)

I. Fachbücher zur Prüfungsvorbereitung: WQ-Teil

Es gibt zum WQ-Teil für Wirtschaftsfachwirte insgesamt 6 Fachbücher!

II. Fachbücher zur Prüfungsvorbereitung: HSQ-Teil speziell für Wirtschaftsfachwirte

1. **F.I.T. zur IHK-Prüfung in Betriebliches Management:** Handlungsspezifische Qualifikationen für Wirtschaftsfachwirte, Oberstdorf 2017 **ISBN 978-3-943743-19-7**

2. **F.I.T. zur IHK-Prüfung in Investition, Finanzierung, Kostenrechnung & Controlling:** Handlungsspezifische Qualifikationen für Wirtschaftsfach-wirte, 2. Auflage, Oberstdorf 2017, **ISBN 978-3-943743-14-2**

3. **F.I.T. zur IHK-Prüfung in Logistik:** Handlungsspezifische Qualifikationen für Wirtschaftsfachwirte, 2. Auflage, Oberstdorf 2018, **ISBN 978-3-943743-15-9**

4. **F.I.T. zur IHK-Prüfung in Führung & Zusammenarbeit:** Handlungsspezifische Qualifikationen für Wirtschaftsfachwirte, Oberstdorf 2017 **ISBN 978-3-943743-21-0**

5. **F.I.T. zur IHK-Prüfung in Marketing & Vertrieb:** Handlungsspezifische Qualifikationen für Wirtschaftsfachwirte, Oberstdorf 2018, **ISBN 978-3-943743-22-7** (voraussichtlich 01/2018)

Weitere Fachbücher sind in Vorbereitung!

Nähere Informationen erhalten Sie unter:

www.fhs-verlag.de

FHS-Verlag.de
Fachbuchverlag Holger Stöhr